키리
바시가
사라질까요?

기후변화를 걱정하는
호기심 많은 환경학자의
30년 여정

키리바시가

사라질까요?

기후변화를 걱정하는
호기심 많은 환경학자의
30년 여정

김경웅 지음

GIST PRESS
광주과학기술원

책 머리에

청소년 시절 막연하게 글 쓰는 직업을 동경하였다. 장래희망도 기자 혹은 소설가가 되고 싶었다. 그러한 꿈을 잊고 살다가 전공 관련 일 때문에 유난히 출장이 많았던 필자는 출장 여행을 기록할 목적으로 글을 쓰기 시작했고, 그리고 정말 우연한 기회에 <여행문화>라는 잡지에 투고를 하게 되면서 이 글들을 모아서 책으로 내고 싶어졌다. 출간을 치밀하게 계획해서 시도하였다기보다는 어쩌면 무모한 시도에 가깝다. 이 책은 그동안 했던 기고문과 써놓았던 글들을 여기저기서 끌어모아 엮어보았다. 사실 몇 개의 글을 더 준비 중이지만 다음에 좀 더 좋은 책을 기약하며 이쯤에서 마무리하고자 한다.

그럼 과연 내가 몇 개의 국가를 가보았을까? 곰곰이 따져보았다. 현재까지 52개국을 다녀왔다. 앞으로 가고자 하는 나라도 적어보았다. 38개국이 나왔다. 이를 달성하려면 더욱 부지런히 다녀야겠다. 우선적으로 가고 싶은 나라는 … 몰디브, 모리셔스, 세

이셸, 나우루, 바누아투, 솔로몬 제도 등 기후변화에 위협받고 있는 섬나라들이다. 부디 이러한 나라들이 무사히 남아 있어 주기를 간절히 바란다. 멀지만 탄자니아, 칠레도 가고 싶다. 아프리카와 남미를 다녀오면 10년은 늙는 것 같은 느낌이 들었지만 더 나이 먹기 전에 가보고 싶다. 미얀마도 하루 빨리 다녀오고 싶다. 어서 코로나가 종식되기를 희망한다.

이 책에 실린 글의 많은 부분은 계간지인 <여행문화>에 실린 글이다. 이 책이 완성되기까지 졸고에 많은 지도편달을 해주신 김유조 건국대학교 명예교수님(여행문화 주간)과 전효택 서울대학교 명예교수님(여행문화 부주간)께 특별히 감사를 드린다.

받은 것이 많다. 지독하게도 운이 좋은 인생임을 다시 한번 인정한다. 감사할 분들이 너무 많다. 이제는 누군가의 인생에 도움을 주어 변화시키는 삶을 살고 싶다.

차 례

01
기후위기에 직면한 남태평양의 도서국가들

02
나의 사랑 메콩강 유역 국가들

03
말레이시아 샅샅이 살펴보기

04
내 가슴속의 소중한 추억들

05
연구실에서

기후위기에 직면한
남태평양의 도서국가들

키리바시가 사라질까요?
폴리네시아의 작은 섬나라 투발루
카바 한 잔으로 친구 되기

키리바시가
사라질까요?

　우리나라에는 키리바시공화국으로 알려진 남태평양의 섬나라이지만 현지인들의 정확한 발음으로는 키리바스(Kiribati)라고 한다. 필자는 운이 좋게도 과기정통부에서 지원하는 기후기술과제를 수행하기 위해 2017년도에 남태평양의 섬나라인 키리바시, 투발루 및 피지를 방문할 기회가 있었다. 앞으로 3회에 걸쳐 그 여행기를 적어보려 하는데 제일 먼저 키리바시 편이다. 세 나라 중에서 키리바시가 가장 덜 알려진 나라라고 생각이 되어 제일 먼저 소개한다.

　키리바시는 남태평양 폴리네시아에 있는 섬나라이다. 오스트레일리아와 하와이의 중간 정도에 위치한 적도 근처의 개발도상국이다. 날짜변경선상에 위치하고 있어 2000년도 밀레니엄을 제일 먼저 맞이한 나라로 유명하다. 인구는 약 11만 명인데 인구의 40% 이상이 수도인 타라와가 위치한 섬에 밀집하여 거주하고 있다. 키리바시는 33개의 산호섬으로 구성되어 있어 국토의 평균 해발이 1~2m이다. 해수면과 토지의 높이 차가 거의 없기 때문에 기후변화에 따른 해수면 상승에 매우 취약하다. 작은 국토 면적에 비해 광대한 해양 수역으로 해양자원이 풍부하여 이를 이용하여 외국에 조업권을 팔아(주로 참치) 외화를 벌고 있으나 국가적으로 경제적 자립은 어려운 실정이다.

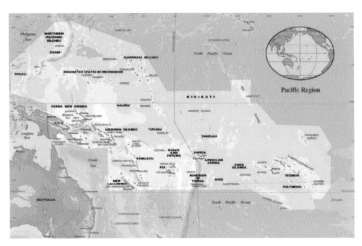

남태평양의 섬나라 키리바시와 투발루의 위치*

키리바시에 없는 것

필자는 2017년 2월 23일 아침 7시 30분에 피지의 난디(Nadi,

---

*   출처: https://migrationdataportal.org/infographic/pacific-islands

피지에서는 난디로 발음함)를 출발하여 오전 10시 30분경에 키리바시의 본리키(Bonriki) 국제공항에 도착하였다. 공항에서는 입국심사를 위한 데스크에 컴퓨터가 없어 모든 것이 수작업으로 진행되었다. 수화물 벨트도 없어 짐 또한 인부들이 카트를 이용하여 끌고 와서 전달해준다. 공항을 이용하는 비행기도 워낙 적어서(제일 중요한 국제선 연결 편은 일주일에 두 차례 난디로 운항하는 피지항공이다.) 평소에는 아이들이 공항활주로를 축구장으로 활용한다.

수도 타라와에 위치한 본리키 국제공항의 모습

키리바시는 워낙 작은 나라여서인지 자국 화폐를 가지고 있지 않다. 호주 화폐를 이용하고 있는데 경제적으로 호주에 대한 의존도가 클 것으로 짐작이 된다. 키리바시에는 군대가 없다. 아마도 너무 외진 섬이라 누군가가 군대를 이끌고 와서 침략하기가 어렵기 때문이 아닐까? 필자는 휴일에 차량을 렌트하여 타라와 섬의 서쪽 끝에 위치한 항구 베쏘(Betio)를 방문하였다. 한때는 참치조업을 하는 많은 선원들이 체류하였던 번화가의 호텔에서 점심도 먹었다. 그런데 놀랍게도 베쏘로 가는 길에 바다를 향한 여러 개의 대포를 볼 수 있었다. 군대가 없는 이곳에 웬 대포일까? 제2차 세계대전 당시 일제가 일으킨 태평양전쟁(1943년 11

전쟁의 흔적을 보여주는 해안가의 대포

월) 중 타라와에서는 엄청난 사상자가 발생하였다고 한다. 타라와 전투는 미국이 일본 본토로의 진격을 위한 사전작업으로서 일본군이 점령한 섬들에 대한 탈취 작전을 감행한 것으로, 거의 75년 이상이 지났음에도 그 당시의 일본군 대포가 아직도 남아 있고 지금은 아이들이 놀이 기구로 사용한다.

키리바시에는 방송국이 없다. 따라서 자체 텔레비전 채널도 없다. 아마 드라마도 없고 배우도 없으리라. 또 한 가지 아쉬운 것은 맥주가 없다. 다행스럽게도 남태평양 인근 섬나라 중에서 바누아투, 솔로몬 제도에는 자체적으로 만드는 맥주가 있어 필자는 그것을 마셨다.

바누아투와 솔로몬 제도에서 생산된 맥주

키라바시에만 있는 것

방송국도 맥주도 없는 키리바시, 그런데 키리바시에만 있는 것은 무엇일까? 바로 카바(Kava)를 마시는 카페가 있다는 것이다. 카바는 고추과 식물의 뿌리를 이용해 만드는 음료이다. 카바에 대한 재미있는 이야기는 향후 피지 편에서 자세히 다루겠다.

키리바시에 있는 또 다른 신기한 것은 남태평양의 주민들을 위해 자체 제작한 신장별 표준 체중을 보여주는 신체충실지수 그래프이다. 세계보건기구(WHO) 키리바시 사무실의 화장실에서 본 그 그래프에 의하면, 한국에서는 과체중이던 필자도 '건강한 체중(healthy weight)'의 범주에 들어간다. 태평양 섬 국가 주민 대부분의 비만율이 전 세계에서 가장 높다고 한다. 키리바시의 5~9세 소아 비만율이 27.5%로 10명 중 3명 이상이 비만이다. 그 이유는 주민 대부분이 통조림 같은 수입 가공식품에 의존하기 때문이다. 이는 키리바시의 당면 문제인 기후변화로 인한 해수면 상승과도 관련이 있다. 해수면 상승으로 인한 해수 유입으로

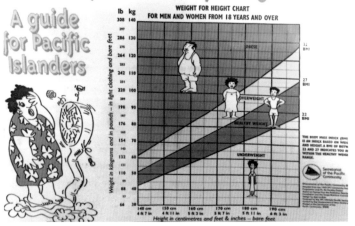

키리바시의 세계보건기구 사무실에 붙어 있던 남태평양 주민을 위한 신체충실지수 그래프

더 이상 농사를 지을 수 없기 때문이다.

이와 같은 해수면 상승은 키리바시에 '기후 난민'이라는 것을 만들었다. 지구온난화로 해수면이 상승하면서 섬이 차츰 바다에 잠기고 있기에 언제 사라질지 모를 섬에서의 주민들의 삶은 위태롭기만 하다. 지구온난화에 의한 해수면 상승이 현재의 추세대로 이어진다면 2050년 즈음엔 키리바시라는 나라가 통째로 바다 밑으로 가라앉을 상황이다. 이 상황에서 피지 정부와 국민이 유일하게 키리바시 기후 난민들이 이주를 하고 싶다면 돕겠다고 나섰지만 그것이 근본적인 해결책이 될 수는 없다. 2015년 키리바시의 한 청년은 뉴질랜드 법정에서 1951년 제정된 유엔 난민협약에 근거해 자신을 기후변화로 인해 자신의 나라를 떠날 수밖에 없는 '난민'으로 인정해줄 것을 요구하기도 했다. 이러한 기후 난민들의 치열한 생존투쟁이 머지않아 전 세계가 직면할 미래 모습이 아니길 바랄 뿐이다(여행문화, 2020. 1.).

머지않아 키리바시를 떠나야 할지도 모르는 소녀 오모와아하와 남동생

폴리네시아의
작은 섬나라 투발루

투발루(Tuvalu)는 남태평양 폴리네시아에 위치한 4개의 암초섬과 5개의 환초섬으로 이루어진 작은 섬나라이다. 면적이 작은 순위로는 바티칸 시국과 모나코, 나우루 다음으로 세계에서 네 번째로 작으며, 인구 순으로는 바티칸 시국과 나우루 다음으로 인구가 적다. 이렇게 작은 나라 투발루는 우리나라 초등학교 6학년 교과서에 지구온난화로 피해를 입고 있는 국가로 소개되면서 해수면상승 문제가 계속된다면 멀지 않아 바다에 완전히 가라앉을 것이라고 알려졌다.

태평양의 섬나라들은 언어, 풍습, 인종에 따라 문화권이 크게 3개로 나뉜다. 이는 1831년 프랑스 해군장교이자 탐험가였던 쥘 뒤몽 뒤르빌(Dumont d'Urville, Jules)이 제안한 것으로 폴리네시아(Polynesia), 멜라네시아(Melanesia), 마이크로네시아(Micronesia)로 나뉜다.

폴리네시아는 섬이 많다는 데서 유래(그리스어로 '많은'이라는 뜻의 poly와 '섬들'이라는 뜻의 nē soi에서 유래)했으며, 오세아니아 동쪽 해역에 있는 작은 섬들로 기원전에 아시아에서 옮겨간 이들이 지금의 폴리네시아인이 되었다고 한다. 사모아, 통가, 하와이, 투발루 등이 이에 속한다.

'검은 섬'이라는 의미의 멜라네시아는 오스트레일리아 북동쪽에 위치하며 이 지역 주민들의 피부색이 검다는 데서 유래가 되었고 파푸아뉴기니, 솔로몬 제도, 바누아투, 피지 등이 있다.

마이크로네시아는 작은 섬들이 넓은 바다에 흩어져 있다는 의미로 서남태평양의 2천백여 개의 섬들로 아시아와 가깝다. 팔라우, 키리바시, 마이크로네시아 연방국, 마셜 제도 등이 여기에 속한다.

투발루에 처음 거주한 사람들은 폴리네시아인들이었다. 1568년 스페인의 항해가가 남방 대륙을 찾아 항해하던 도중 이 섬을 지나갔다고 한다. 19세기 초 푸나푸티 환초는 엘리스 섬으로 이름이 붙여지고, 후에 이 이름은 9개의 모든 섬에 붙여지게 되어 엘리스 제도가 된다. 투발루 국기를 보면 9개의 별이 있는데 그 별 하나하나가 섬을 의미한다. 19세기 말 투발루는 영국의 식민지가 되고 이후 엘리스 제도는 길버트 제도에 편입된다. 1974년 엘리스 제도는 투표를 통해 투발루라는 이름으로 후에 키리바시가 되는 길버트 제도에서 분리된다. 1978년 10월 1일에 투발루는 완전히 독립하여 영국 연방에 가입하게 되고, 2000년 9월 투발루는 189번째 국제 연합 회원국이 되었다.

그렇다면 투발루는 얼마나 작은 나라일까? 인구가 만여 명의 적은 나라로 9개 섬의 총 면적이 26km²밖에 되지 않아서 인구밀도가 441명/km²(참고로 대한민국은 517명으로 13위)으로 세계 21위이다.

수도인 푸나푸티가 있는 엘리스 섬이 가장 큰 섬이나 가장 좁은 지점의 폭은 20m 내외이고 이 섬을 종단하는 도로는 길이가 채 10km도 되지 않는다. 섬이 너무 작아서 공항 건설에 어려움이 있었다고도 하며 그나마 폭이 300~400m로 가장 넓은 지점에 공항을 지었다고 한다. 이러한 넓은 땅을 놀릴 수는 없는 일. 활주로가 이 섬에서 가장 큰 운동장이기에 평소에는 축구장으로 이용을 하고 아주 가끔 비행기가 착륙할 때만 제 역할을 한다.

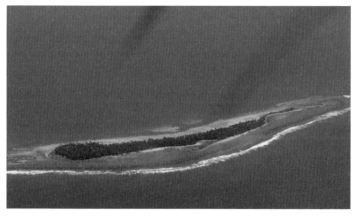

푸나푸티 공항에 도착 직전 비행기 창을 통해 촬영한 투발루의 작은 산호섬

작고 소박한 푸나푸티 국제공항

활주로에서 축구에 열심인 투발루 청년들. 뒤편에 공항 장비들이 보인다.

우리 연구팀이 숙식을 해결했던 L's Lodge

투발루는 1978년 영국으로부터의 독립 이후 선거에 의한 입헌군주제를 취하고 있다. 투발루 의회는 단원제로서 총 15명의 의원이 8개의 지역구에서 선출되며, 행정수반인 총리는 의회에서 선출된다.

필자는 2017년 2월 20일 피지의 수도 수바에서 WHO와의 협력을 논의하기 위해 투발루 보건부의 사타니 툴라가 마뉴엘라(Satani Tulaga Manuella) 장관을 만나게 되었다. 그 자리는 지구온난화로 고통받고 있는 투발루에 식수 공급을 위하여 무동력 정수장치 설치를 협의하는 자리였다. 회의를 마친 후 이 자리에서 투발루의 내각책임제에 대하여 '작음으로 인한' 재미있는 이야기를 듣게 되었다. 당시 투발루는 11개 부(ministry)가 있어서 11명의 장관이 필요한데, 다수파에서의 국회의원 숫자가 8명이라서 몇몇 장관 자리를 한 사람이 중복해서 맡아야 한다는 내용이

피지에서 만난 투발루의 보건부 장관 일행. 피지의 불라 셔츠를 입은 필자 왼편이 투발루 보건부의 사타니 툴라가 마뉴엘라 장관

TUVALU GOVERNMENT OFFICE BUILDING

SOUTH WING	NORTH WING
SECOND FLOOR	**SECOND FLOOR**
OFFICE OF THE PRIME MINISTER	MINISTRY OF FINANCE, ECONOMIC PLANNING & INDUSTRIES
CABINET CONFERENCE ROOM	INVESTMENT AND INDUSTRIES DIVISION
OFFICE OF THE ATTORNEY GENERAL	ECONOMIC RESEARCH & POLICY DIVISION (ERPO)
DEPARTMENT OF PERSONNEL & TRAINING	OFFICE OF THE AUDITOR GENERAL
	BUDGET DIVISION
	VIP ROOM
FIRST FLOOR	**FIRST FLOOR**
MINISTRY OF COMMUNICATION & TRANSPORT	MINISTRY OF NATURAL RESOURCES
MINISTRY OF WORKS & ENERGY	CONFERENCE ROOM #2
MINISTRY OF EDUCATION AND SPORTS	DEPARTMENT OF FOREIGN AFFAIRS
ENERGY DIVISION	TTC CONTROL ROOM
DEPARTMENT OF EDUCATION	DEPARTMENT OF AGRICULTURE
DEPARTMENT OF CIVIL AVIATION	
GROUND FLOOR	**GROUND FLOOR**
MINISTRY OF HOME AFFAIRS	MINISTRY OF HEALTH
DEPARTMENT OF INFORMATION, COMMUNICATION & TECHNOLOGY	TEC CONTROL ROOM
SHIPPING CLERK	CONFERENCE ROOM #1
DIVISIONS OF CUSTOMS & TAXATION CONTROL	IMMIGRATION DEPARTMENT
	TREASURY DEPARTMENT
	BUILDING SECURITY

투발루 정부 건물에 붙어 있는 각 부의 위치 안내. 건물 한 층에 서너 개의 부처가 있을 정도로 작은 정부이다.

었다. 우리의 경우 장관을 하고 싶은 사람이 너무 많아 한 사람이 두 자리를 차지한다는 것은 상상도 할 수 없는데 ….

작은 나라 투발루에는 경찰은 있으나 군대조직은 없다. 인구가 아주 적은 나라이기에 모든 것을 다 갖출 수는 없을 것이다. 그런데도 비누아투를 비롯하여 대부분의 남태평양에 위치한 섬나라들은 작지만 세계에서 가장 행복지수가 높은 국가들이었다. 그러나 기후변화로 더욱 강력해진 열대성 사이클론 '팸(Pam)'이 2015년 3월에 키리바시와 투발루를 지나갔다. 이로 인해 투발루 외곽 섬에 거주하는 주민들이 큰 피해를 입어 주택이 유실되고 홍수로 수해를 입어 이후 식수 문제 등 위생 관련 상황이 매우 열악하게 되었다. 열대성 사이클론은 해마다 빈번하게 발생하여 2016년 2월에는 최대 풍속 325km/h의 강풍과 폭우를 동반한 남반구 사상 최악의 사이클론 '윈스톤(Winston)'이 피지에도 상륙했다. 그 결과 40여 명의 사망자와 인구의 5.5%인 5만 명의 이재민이 발생하여 남태평양 섬나라들의 평화로운 삶이 파괴되기 시작하였다.

독일 출신의 실천적 경제학자이자 환경운동가인 에른스트 슈마허는 그의 역작 『작은 것이 아름답다(Small is beautiful)』에서 작은 것에 대한 소중함을 역설하였다. 크고 풍족한 나라들로부터 야기된 기후변화나 바이러스 등의 재앙에서 투발루와 같은 작고 아름다운 나라들이 소중하게 지켜질 수 있는 평화가 더욱 간절한 시점이다(여행문화, 2020. 3.).

투발루 방문 중 연구팀을 안내해준 보건부 산하 프린세스 마가렛 병원 소속 펠레살라 칼레이아 (Pelesala Kaleia)의 가족들과 함께

우리 연구팀이 기증한 정수장치의 설치를 도와준 투발루 수도국의 건장한 직원들

카바 한 잔으로
친구 되기

피지하면 무엇이 떠오르나요? 남태평양의 휴양지, 한없이 친절한 피지 사람, 혹은 용감한 피지 전사, 해양심층수 피지 워터 (Fiji Water)?

수도 수바의 바닷가에 위치한 카페

2016년 리우올림픽 남자 럭비 금메달을 일구어낸 용감한 피지 전사*

　피지는 인구 90만의 남태평양에 위치한 화산섬으로 찰스 황태
자와 다이애나비를 포함한 유명 인사들의 신혼 여행지로 유명하
다. 나에게 여행은 아름다운 경치와 지역의 토속 음식을 즐기는
것도 중요하지만 또 다른 특별한 묘미는 여행지의 역사나 다양
한 문화를 접하는 것이다.

　피지에서 내게 특별하게 다가왔던 것은 세계에서 가장 예쁜(?)
화폐 모양이었다. 일반적인 화폐에 그려진 그림은 그 나라를 대
표하는 상징물인 경우가 대부분이다. 그런데 피지는 기존 화폐

―――

아름답고 독특한 피지 지폐

에 있던 영국 여왕의 초상 대신 날여우박쥐, 줄무늬 이구아나, 피지 고유의 앵무새 쿨라와이(5달러), 물고기 벨리(10달러), 세계에서 가장 희귀한 조류 중 하나인 카다우 닝 아우(20달러), 피지의 국화인 탕이모디아 꽃(50달러) 등 남태평양 섬들에만 서식하거나 피지에서만 자생하는 고유의 동식물을 화폐의 상징물로 사용했다. 2013년부터 사용된 새 화폐는 피지가 1970년 영국으로부터 독립하고 1987년 스스로 공화국임을 선언한 것을 상징하기 위해 만들어졌다고 한다.

무엇보다도 나에게 가장 특별한 기억으로 남는 것은 무동력 정수 장치를 들고 피지의 나불리니(Nabulini) 마을을 방문했던 경험이다. 여기서는 그때 마셨던 카바(kava) 이야기로 피지 사람들의 생활을 소개하고자 한다.

피지는 AD 1000년경에 통가, 사모아 등 주변 폴리네시아인들에게서 침략을 받아 큰 전쟁을 경험했다. 예전에는 사람을 잡아먹는 식인 풍습이 일반적이었고, 권력 세습의 일부다처제를 통해서 족장의 강력한 통치가 이루어 졌다. 그 전통이 아직도 남아서 부락 단위로 생활을 하는데 보통 50여 가구 정도가 모여서 족장의 지휘 아래 생활을 한다.

필자가 방문했을 때의 느낌도 족장이 마을의 모든 아이들까지도 일일이 잘 알고 있으며, 마치 아버지의 역할을 수행하는 것 같았다. 전쟁의 경험과 족장 통치의 전통이 있어 마을을 방문할 때는 반드시 사전 통보가 있어야 하고 몇 가지 규칙을 지켜야 한다. 아마도 이러한 규칙은 갑작스런 방문이 전쟁을 불러일으킬 수도 있기에 불필요한 오해 등을 피하기 위함이었으리라. 복장도 최대한 예의를 갖추고 가야하며 반바지나 짧은 치마 등은 용

피지의 나불리니 마을에 전달된 무동력 정수장치. 맨 오른쪽에 서 있는 분이 족장이다.

납이 안 된다. 여러분은 2015년 여름, 피지의 조사이아 보레케 바이니마라마 총리 일행이 피지 전통의상인 술루(sulu)를 입고 중국을 방문했던 것을 기억할 것이다. 피지에서는 남자 공무원도 전통의상으로 긴 치마를 입으며, 어느 마을을 처음 방문할 때는 여자들도 반드시 긴 치마(천으로 둘러서라도)를 입고 방문해야 한다. 마지막으로 중요한 절차가 좋은 품질의 카바를 선물하는 것이다.

위키 백과에 따르면 카바(kava, 학명: *Piper methysticum*)는 태평양의 섬 지역에 자라는 작물이다. 이름은 통가어 또는 마르키즈어로 '씁쓸하다'는 뜻의 'kava(-kava)'에서 왔다고 한다. 카바를 먹으면 진정작용이 나타나기 때문에 태평양의 폴리네시아, 멜라네시아, 일부 미크로네시아 문화에서 널리 섭취된다. 카바는 다른 나라에도 수출되어 약초로도 쓰인다. 카바 뿌리로 만든 음료는 마취 효과가 있어 행복감을 준다. 남태평양 국가에서는 카바만을 마시는 카페를 본 적도 있다. 세계보건기구에 따르면 전통적인 방식으로 만든 카바 음료를 적당량 섭취하는 것은 '용납할 수 있을 만큼 적은 수준의 건강 위험'이 있다고도 한다. 그러나 유기용매로 뽑아낸 카바 추출물을 섭취하거나 카바로 만든 질 낮은 음식물을 다량으로 섭취하면 간독성 따위의 위험에 노출될 가능성이 커진다고 한다.

카바를 파는 시장. 카바 가루는 갈색 봉투에 포장되어 있고 뿌리째 신문지에 포장된 카바도 보인다.

한국의 막걸리와 비슷한 색의 카바 음료는 3~7년 정도 성장한 고추과 식물의 뿌리를 이용해 만드는 피지의 전통음료이다. 뿌리를 빻아 곱게 가루를 내어 그 가루를 물과 혼합해 마신다. 피지에서 카바를 나눠 마시는 것은 '친구가 되고 싶다'는 깊은 의미를 담고 있다. 또한 손님을 친구로 받아들인다는 환영의 의미와 더불어 적대자들 사이에 화해를 상징하는 의미를 담고 있기도 하다. 과거에는 오직 부족의 족장들만이 마실 수 있는 권한을 가졌던 귀한 음료였지만, 지금은 족장뿐 아니라 부족의 일원 혹은 방문객들까지 마실 수 있게 되었다.

2016년 7월 6일 아침, 세계보건기구(WHO)의 피지사무소 연구진들과 같이 우리 일행이 마을에 도착하였을 때 족장이 우리를 반갑게 맞아주었다. 마을의 대부분 청장년들이 마을 회관에 모여서 우리를 기다리고 있었다. 가볍게 피지식으로 인사말 등을 교환한 후 우리 일행이 카바를 대접받는 의식이 진행되었다.

드디어 카바 원 샷

이 의식은 족장이 참여하기 때문에 엄숙하게 진행되며 주로 청년과 장년의 남자만이 참여하였다. 한 청년이 나무로 만든 옴폭한 모양의 그릇에 카바 가루를 넣고 물을 부은 후 손으로 천을 이용해 만든 후(손을 깨끗이 씻었는지는 확인하지 못했다) 제일 먼저 족장이 먼저 마신 다음에 대표라고 생각되는 사람인 나에게 카바를 건넸다. 카바를 건내는 뜻은 '당신과 친구가 되고 싶어요'라는 것으로 그러면 필자는 박수를 한 번 치고(카바를 마실 준비가 됐다는 것을 뜻한다) 코코넛 껍질로 만든 빌로(bilo)라는 잔을 두 손으로 받는다. 그다음에 바로 바닥이 보일 때까지 쭉 들이킨 후(원 샷이 중요!), '마다'(비었다는 뜻)라고 외치며 다시 세 번의 박수를 친다. 세 번의 박수는 고마움을 표시하는 의미다. 이후에 필자는 제조자인 청년에게 빈 잔을 돌려준다. 이러한 순서가 돌아가면서 마을의 남자들과 대부분의 방문자에게 3~4번씩 주어진다. 쌉싸래한 풀냄새 혹은 흙냄새가 물씬 나는 황토빛 카바. 마시면 혀가 얼얼하지만 잠시 후 기분이 노곤해지고 밤새도록 노래를 흥얼거리게 된다.

피지에서 이 마법의 음료를 마시고 나면 모두와 친구가 된다고 한다. 피지에서의 카바 세레모니(kava ceremony)로 서로 적의 없이 친구가 되었음을 축하해보는 것은 문명의 발달로 날로 개

카바 가루를 넣고 물을 부은 후 손으로 천을 이용해 제조(?)하는 과정

친구가 되기 위해서는 누구도 예외가 될 수 없는 카바 받아 마시기. 야릇한 미소를 머금고 공손히 카바를 전달 받는 WHO 인턴 연구원과 이를 흐뭇하게 바라보는 피지 아저씨

인주의가 팽배해지는 우리에게 신선한 경험이 될 것이다(여행문화, 2020. 5.).

나의 사랑
메콩강 유역 국가들

작은 나라 라오스에는 특별한 게 많아요
바쁘면 이상한 도시: 태국 북방의 장미, 치앙마이
앙코르 왕국의 중흥을 기대하며
한국 뺨치는 베트남 SKY 캐슬

작은 나라 라오스에는
특별한 게 많아요

생각만 해도 맘이 설레는 내 마음속의 고향, 메콩강 유역의 국가들을 떠올리면 언제나 흐뭇한 미소가 지어진다. 메콩강 유역 국가와의 인연은 2002년 12월 베트남 하노이 방문으로부터 시작이 되었다. 첫 방문의 에피소드는 추후에 베트남 편에서 다루겠고 여기서는 메콩강 유역 국가 중에서 크기도 작고 인구도 가장 적으며, '느림의 미학'으로 유명한 라오스에 대해 소개하고자 한다. 사실 필자가 원하던 제목은 '라오스에 대체 뭐가 있는데요?'와 유사한 제목이었다. 그러나 좋아하는 작가 무라카미 하루키 님이 이미 사용하신 관계로 그에 대한 대답으로 '작은 나라 라오

라오스를 남북으로 가로지르는 아름다운 메콩강 풍경

스에는 특별한 게 많아요'라고 해보았다.

2000년대 초반부터 라오스를 여러 번 가보았지만 가장 최근의 방문은 2019년 7월이었다. 대부분의 라오스 여행자들은 아름다운 경치와 사원 등을 감상하기 위하여 라오스의 수도인 비엔티안(Vientiane)에서 북쪽으로 400km가량 떨어진 방비엥, 루앙 프라방을 중심으로 방문한다. 루앙 프라방 지역에는 죽기 전에 꼭 봐야 할 세계 역사 유적이라고 알려진 수십 개의 사원과 성소들이 있다. 또한, 주변의 사원과 언덕들이 잘 내려다보이는 푸시 산에서는 훌륭한 광경을 즐길 수 있다고 한다. 그러나 필자는 업무를 위한 출장이었기에 늘 하던 대로 관광지보다는 도움이 필요한 곳을 찾아 3박 4일에 걸친 여정으로 편도거리 400km 이상 남쪽으로 향하게 되었다. 비엔티안을 출발하여 팍세(Pakse) - 참파삭(Champa Sak) - 아타푸(Attapeu)를 방문하는 여정이었다. 이와 같은 여정이 결정된 이유는 다음과 같다.

2018년 7월 23일 오후 8시경, 폭우로 인해 라오스 남동부 아타푸주에 있는 세피안-세남노이 수력발전댐의 보조댐이 무너졌다. 그 결과 댐 아래에 위치한 6개 마을로 엄청난 양의 물이 한꺼번에 쏟아졌고 이로 인해 수백 명의 실종자가 발생했다. 이 세피안-세남노이 수력발전댐은 국내 건설사가 현지 기업 및 태국 전력회사와 합작법인을 구성해 수주, 착공했다. 2018년 7월 당시 기준 공정률 92.5%로 2019년 2월 준공을 앞두고 있었다. 라오스는 1980년대 중반 이후부터 수력발전을 통해 생산한 전력을 주변국에 수출하는 이른바 '동남아시아 배터리' 계획에 매진해왔으며, 이 댐에서 생산된 전력의 90%는 태국에 수출될 예정이었다. 이 붕괴 사고로 인해 많은 지역 주민들이 가옥 및 생활의 터전을 잃어 임시로 지어진 텐트촌에서 생활하고 있었다. 설상가상으로 더운 날씨에 안전한 식수 공급에도 차질이 생겨 수인성 전염병이 유행하고 있는 상황이었다. 이에 WHO 라오스 현지 조사팀에 합류하여서 현지 수질을 점검하고 무동력 정수장치를 기증하는 프로젝트를 수행하기 위한 방문이었다.

그렇다면 라오스에만 있는 특별한 것은 무엇일까? 우선 더운 지방답게 열대 과일이 풍부하다. 그중에서도 커스타드 애플(custard apple)이라고 불리는 과일은 열대 아메리카가 원산지이지만 베트남, 라오스 등에서 재배를 한다. 과육은 흰색으로 당분이 많으며 녹말, 단백질, 비타민 C가 많이 들어 있다고 한다. 씨가 엄청 많이 들어 있는데 씨에는 독성이 있다고도 한다.

다음으로 특별한 것은 라오스 맥주(Beer Laos)이다. 맥주는 어느 나라에 가도 대부분 있지만 내가 경험한 동남아의 3대 맥주는 인도네시아의 빈탕(Bin Tang), 태국의 싱하(Singha) 그리고 라오스 맥주라고 생각하는데 그중 최고는 라오스 맥주이다. 밤늦게 비엔티엔에 도착하여서 호텔 근처에서 마시던 라오스 생맥주는 정말 최고다. 라오스 사람들은 음주가무를 즐겨 밤늦도록 남

국도변의 과일을 파는 노점과 커스타드 애플. 내부에 검정색 씨가 보인다.

녀노소가 호프집에서 맥주를 즐긴다. 앉아 있으면 먹기 좋게 잘 손질한 열대 과일을 가지고 와서 싸게 팔기도 한다.

뭐니 뭐니 해도 눈에 띄는 것은 일은 하지 않고 어슬렁거리기만 하는 소들이다. 찻길을 점거하고 돌아다녀도 경적조차 울리지 않는다. 물소들이 모든 농사일을 거드는 라오스에서는 일반 소들은 하루 종일 어슬렁거리다 보니 운동량이 많아서인지 질겨서 도저히 먹을 수가 없다고 한다. 라오스를 여행하다 보면 그곳은 승려들의 천국 이외에도 소들이 천국임을 알게 될 것이다. 이러한 소들과 관련된 재미있는 음식이 라오스에 있다. 필자가 경

라오스 맥주, 밤늦도록 호프집에서 맥주를 즐기는 라오스 사람들, 호프집에서 만난 손질한 과일을 파는 아가씨

험한 잊을 수 없는 음식 중 하나가 제오 피아(Jeow Pia, 라오스어로는 ແຈ່ວປາ)라고 불리는 소스이다. 비엔티엔에서 메콩강을 따라 아타푸로 이동하던 중 중간에 마을에 들러서 점심을 먹게 되었

차도를 막고 어슬렁거리는 소들. 라오스에서는 모든 차량이 소들이 지나갈 때까지 느긋하게 기다린다.

다. 작은 마을 식당에서 완전 현지 음식을 먹는 중에 동행했던 WHO 현지 직원이 나에게 고기를 함께 나온 소스에 찍어 먹어보라고 권하였다. 이것저것 다 먹어봤던 필자는 아무 주저 없이 맛을 보았다. 소스에서는 아주 꼬리꼬리한 냄새가 났다. 막연히 액젓의 한 종류이겠지. 동남아에는 생선이나 오징어로 만든 젓갈류 소스가 많으니 그중 하나려니 생각하고 무슨 소스냐고 물었더니 미소를 지으며 나중에 알려준다고 했다. 그 후로 한 10번 이상은 그 소스를 찍어 먹었던 것 같다. 점심 식사 후 이동을 하던 중에 길가에는 소들이 아주 많았고 소똥이 바닥에 널려 있는 것을 보았다. 그 동료는 소똥들을 가리키면서 이게 그 소스의 원재료라고 말하는 것이다. 영어로 'soft poo(부드러운 소똥) 소스'라고 부른다고 했다. 여러 라오스 친구에게 도대체 왜 이런 소스를 먹기 시작하게 되었는지 물었으나 누구도 명확한 답을 해주지 않았다. 아직도 궁금할 따름이다. 한국 사람들이 삭힌 홍어나 산낙지를 즐겨 먹는 것을 이해하지 못하는 외국인이 많은 것처럼, 많은 재료 중에서 왜 그걸 이용해서 소스를 만드는 걸까? 아마도 길에서 어슬렁거리는 소가 많다 보니 소

필자가 맛보았던 제오 피아(소똥으로 만든 소스)

똥도 천지에 널려 있을 것이고 우연히 누군가가 부드러운 소똥을 찍어 먹어보았더니 맛이 있었나? 여전히 궁금하다. 그나마 다행히도 우리는 끓여서 만든 소똥 소스를 먹었으나 라오스 사람들 중에는 끓이지 않은 생(fresh) 소똥 소스를 먹는 사람이 있다고도 한다. 라오스는 느림의 미학을 즐기려는 여행자에게도 승려에게도 어슬렁거림이 허용되는 소들에게도 천국임에 틀림이 없다. 소들의 똥까지도 귀한 음식으로 대접을 받는 곳이니 ….

왼쪽 위부터 시계방향으로 WHO 비엔티엔 사무실 입구, WHO 차량(험한 길에 종종 타이어 펑크가 난다), 댐 붕괴지역 난민들이 임시로 거주하고 있는 텐트촌, 라오스 보건복지부 관련 공무원과 WHO 현지 직원

바쁘면 이상한 도시:
태국 북방의 장미, 치앙마이

2020년 초부터 유행한 코로나 바이러스로 인해 외국으로의 출장 및 여행에 많은 제약이 따르고 있다. 여행이 주는 상쾌함이 무척이나 그리운 시간이다. 대부분 친구들이 외국 여행 경험이 많은 나에게 묻곤 한다. "어디로 여행하는 것을 추천하세요?" 그럼 우선 필자는 며칠간 여행 예정이냐고 묻고, 곧이어 같이 여행할 사람들은 어떤 사람들인지 다시 물어본다. 대개 4~5일 정도를 이야기하고 가족들과 함께 간다고 한다면 시차가 거의 없이 가깝고 너무 덥지 않은 곳을 권한다. 이에 가장 적합한 곳은 바로 치앙마이. 필자는 제일 먼저 치앙마이를 추천한다.

태국 방콕에서 북부로 약 650km, 서울에서 부산 거리의 거의 두 배쯤 떨어진 대도시 치앙마이는 수도 방콕과 전혀 다른 모습을 가진 보석 같은 여행지이다. 치앙마이는 태국 북방의 장미라고 불리는데, 이렇게 불리는 데는 여러 이유가 있을 것이다. 우선 태국 제2의 도시 치앙마이는 동남아시아라고 믿기지 않을 만큼 선선하고 쾌적한 날씨가 인상적인 곳이다. 해발 고도 300m가

넘는 산들로 둘러싸여 있는 도시로 습도가 높지 않고 일 년 내내 야간 평균기온이 섭씨 16~24도로 동남아라고 믿을 수 없을 정도이다. 치앙마이의 지명은 이렇게 설명이 된다. '치앙(Chiang)'이란 강이나 성벽에 둘러싸인 도시를 말하고 '마이(Mai)'란 새로운 것을 말한다. 따라서 '새로운 도시'라고 해석되지만 태국 북부지역의 문화 중심지로 옛 타이왕국의 수도이기도 하였다. 이곳 치앙마이는 상쾌한 날씨뿐만 아니라 느껴지는 기분이 확실히 다르다. 화려한 고대 문화유산, 고산족 마을, 야간 사파리, 아기자기한 레스토랑과 카페 등 볼거리와 즐길거리가 가득한 치앙마이를 소개하고자 한다.

필자는 운이 좋게도 치앙마이를 방문할 기회가 여러 차례 있었다. 첫 방문은 십여 년 전 태국 최대의 갈탄(lignite coal) 채굴지인 매모(Mae Moh) 광산 지역에서의 워크숍에 참석하였던 것이고, 최근의 방문은 2019년 11월 초에 치앙마이 칸타리 힐 호텔에서 개최된 제55회 아시아지질자원위원회(CCOP: Coordinating Committee for Geoscience Programmes in East and Southeast Asia) 연차 총회에 협력 기관 대표로 참석한 것이었다. 총회 이후에는 치앙마이 대학의 책임연구원인 티파완 프라파몬톨(Tippawan Prapamontol) 박사의 초청으로 연구실을 방문하여 강연을 하게 되었다. 총회에서 주최한 특별한 만찬과 필드 트립, 치앙마이 대학교 동료들과 함께한 시간 등 즐거운 시간의 연속이었다. 치앙마이는 워낙 한

태국 제2의 도시 치앙마이의 공항과 CCOP 총회

국인들에게 인기가 좋고(한 달 살기로도 유행함) 정보도 많기 때문에 이 책에서는 필자가 직접 경험해서 추천할 만한 장소를 중심으로 소개한다.

필자에게 가장 중요한 여행 포인트는 일반 관광객들이 많이 가는 유명 관광지를 다니는 것보다 먹고 마시는 일이다. 현지 동료들이 안내해주는 현지 식당과 문화 체험이 필자에게는 우선순위로 뽑힌다. 치앙마이 대학교 대학원생들과 도이 수텝(Doi Suthep) 등정을 마치고 함께 간 곳은 치앙마이 대학교 후문 근처의 '갈래(Galae)'라는 이름의 레스토랑이었다. 아담한 호수 옆에 위치하였고 입구부터 온갖 아름다운 꽃들로 가득 차 있어 마치 동화나라에 온 것 같은 느낌이 나는, 현지인들이 즐겨 찾는 맛집이었다. 호기심에 필자는 물었다. "Galae가 뭐죠?" 친절한 태국 동료는 사진까지 찾아가면서 자세히 설명을 해주었다. 'Galae'는 태국 북부지방의 전통 가옥 지붕의 앞부분에 장식되어 있는 것을 말한다.

메뉴판의 표지에도 그 모양이 보인다. 이곳에서 태국 동료 및 대학원 생들과 맛있는 북부 지방 음식과 맥주(Singha)를 즐겼다.

태국 북부지방의 전통 가옥 지붕 앞부분의 장식인 갈래

갈래 레스토랑에서 치앙마이 대학교 동료들과 저녁식사

치앙마이를 방문하면서 빠뜨릴 수 없는 경험은 바로 북부 지방의 디너쇼 칸톡(khantoke or khantok)이다. '칸(khan)'은 우리말로 '그릇'이고 '톡(toke)'은 '밥상'이라고 한다는데, 결혼식이나 기념식에 사용하는 작은 상으로 우리나라의 개다리소반과 비슷하게 생겼다. 이 개다리소반에 음식을 차려놓고 먹으면서 공연을 관람하는 것이 디너쇼 칸톡이다. 우리가 간 곳은 치앙마이 시내에서는 좀 떨어진 곳의 쿰 칸톡 디너쇼(Khum Kantoke Dinner Show)*였다. 2019년 11월 4일 CCOP 총회 참가자들이 초청된 만찬이 여기에서 진행되었다. 디너쇼에서는 치앙마이 고대 란나(Lanna) 타이왕국 스타일의 음식이 제공되고 다양한 민속공연이 진행되었다.

치앙마이의 전통 디너쇼 칸톡

---

*   https://www.khumkhantoke.com

아쉬움에 치앙마이의 많은 대표적인 관광지를 그냥 건너뛸 수는 없다. 푸미폰 국왕의 왕위계승 60주년을 기념하여 만든 라짜프룩 왕립공원(Royal Park Rajapruek)과 13세기부터 란나 왕국의 수도로 번성하였으나 대홍수로 사라진 후 전설로 남았다가 1980년도의 홍수 이후에 드러나서 발굴된 왕궁과 사원의 고대 유적인 위앙 꿈 캄(Wiang Kum Kam).

인상적인 이 두 곳 이외에 치앙마이 관광의 백미이자 태국에

라짜프룩 국립공원과 CCOP에서 준비한 필드 트립 가이드 북

서도 손꼽히는 불교 성지 도이 수텝(Doi Suthep), 산 정상에서 바라보는 석양의 도시 전경, 그곳에서 본 탁발 그릇을 든 스님들과 공양하는 일반 시민들. 태국 사람들의 신실한 불심을 느낄 수 있었다. 인구의 96퍼센트가 불교 신자이며 전국에 3만 개의 사원이 있고 승려 수만도 30만에 이르는 신실한 불교국가이다. 그 가운데에서도 북부의 치앙마이는 천 년 사찰이 그대로 남아 있는 곳으로 유명하다. 국왕은 불법의 수호자를 자처하며, 모든 남자들은 청년시기 일정 기간 동안 의무적으로 사원에서 출가 생활을 해야 한단다. 또한 태국에서는 승려들은 군 면제 대상이기도 하다니 불교의 위상을 알 수 있다.

전설처럼 사라졌다가 홍수 이후 다시 드러난 위앙 꿈 캄

도이 수텝에서 내려다 본 치앙마이 전경과 도이 수텝에서의 필자

신실한 불심을 승려들에게 표시하는 태국 국민들

태국 동료에게서 들은 태국의 징병 제도는 입대 방식이 우리 나라와 달라도 너무 다르다. 입영 대상자는 무작위 제비뽑기를 통해 결정되는데, 붉은색 카드를 뽑으면 군 복무를 해야 하고, 검은색 카드를 뽑으면 군 복무가 면제된다. 한 해 필요한 군인의 숫자만큼만 뽑는다는 것이다. 그런데 흥미로운 것은 추첨 결과를 떠나 먼저 자진 지원을 하는 경우 복무 기간이 대폭 줄어든다는 것인데, 정상 복무기간이 2년인 것에 비해 대졸은 6개월, 고졸은 1년으로 단축된다고 한다. 태국 젊은이들은 카드를 뽑아 면제의 혜택을 받을 것인가 또는 자원해 복무 기간을 줄일 것인가에 대한 고민을 하지 않을 수 없을 것이다. 게다가 그 해 지원자가 넘쳐나면 이후의 나머지 대상자들은 자동 면제란다. 눈치 작전이 필요해보이는 대목이다. 태국을 여행할 때 '사바이 사바이(Sabai Sabai)'란 말을 자주 접하게 되는데, 이는 주변 환경과 여건들이 '편하고 좋음'을 의미한다. 필자가 즐겨 사용하는 몇 개 안되는 태국어 중에 'Arai kordai sabai sabai'가 있다. 'Anything is okay for me'로 해석이 되니 '나는 뭐든 오케이' 또는 '좋은 게 좋은 것이다'일 것이다. 우리나라는 이처럼 느긋하고 순응적인 국민성보다 '빨리 빨리'를 좋아하고 '형평성'에 길들여져 있다. 과연 태국의 이런 징집 제도와 승려들의 군 면제가 한국에서 받아들여질 수 있을까(여행문화, 2021. 3.)?

앙코르 왕국의
중흥을 기대하며

필자의 첫 캄보디아 방문은 2006년도에 앙코르 와트(Ankor Wat)로 유명한 시엠립(Siem Reap)시에 희망정수기를 기증하기 위해서였다. 여러 국가 중 캄보디아를 그것도 시엠립을 처음 기증지로 선택하게 된 것은 환경 관련 연구자로서 일종의 책임감 때문이었다. 기억하기로는 그 당시 앙코르 와트의 1년 관광객은 120만 명 정도로 추산되는데, 이 중 20만 명이 한국 관광객이라고 하였다. 한국 관광객들이 본인이 의도했든 의도하지 않았든 현지에서 여러 형태로 환경오염을 일으키는 것을 보고 두산중공업의 도움을 받아 기증을 결심하게 되었다. 착륙하는 비행기 창문을 통해 심각하게 오염된 톤레삽(Tonle Sap) 호수를 봤던 것은 충격 그 자체였다. 톤레삽 호수는 동양 최대의 호수로 길이가 150km, 너비가 30km로 캄보디아 전 국토면적의 15%를 차지하는 거대한 호수로 주요 식수원이다. 이러한 호수가 오염되었다는 것은 캄보디아 주민들이 안전한 식수를 기대하기 어려운 형편이라는 것이다. 이때부터 옹달샘이라는 애칭으로 시작하여 현

공중에서 촬영한 오염된 똔레삽 호수와 그곳의 수상 가옥 및 주민

재는 GIST 희망정수기라고 명명된 정수기 기증 사업이 시작되
었다.

현재 캄보디아는 개발도상국으로 분류되지만 과거 12세기 자
야바르만(Jayavaman) 7세가 참파를 몰아내고 왕위에 올라 나라를
크게 발전시킨 역사를 가지고 있다. 당시 앙코르 왕국은 주변의
미얀마, 라오스, 태국의 영토 일부를 차지할 정도로 번성한 왕국
이었으며, '위대한 도시'라는 의미의 앙코르 톰(Angkor Thom)과
그 한가운데 위치한 걸작 바이욘(Bayo) 사원도 이때 세워진 것이
다. 당시 왕이 행차할 때면 가마가 수백 대가 넘었고 코끼리는

2006년도에 설치된 정수기 물을 맛보는 시엠립의 초등학생들

온통 황금과 보석으로 덮여 있었다고 전해진다. 그 당시의 번성함을 보여주는 앙코르 와트는 1860년 프랑스의 식물학자 앙리 무오(Henri Mouhot, 1826~1861)에 의해서 발견되었는데, 규모나 정밀함으로 세계 7대 불가사의로 선정되기도 하였다. 7톤짜리 기둥 1,800개와 돌로 만든 방이 260여 개에 달하는 이 사원은 우아한 부조로도 유명하다. 또한 좌우대칭이 정확하게 맞아떨어지는 기하학적인 구조로 현대 건축가들도 감탄을 금치 못한다고 한다. 앙리 무오는 사원을 발견한 뒤 "솔로몬왕의 신전에 버금가고, 미켈란젤로와 같이 뛰어난 조각가가 새긴 것 같다. 이것은 고대 그리스, 로마인이 세운 것보다도 더 장엄하다"라는 말을 남겼다고 한다. 당시 100만 명 가까이 이르며 살던 크메르인들이

12세기 앙코르 왕국의 번성을 이끈 자야바르만 7세**

공중에서 촬영한 앙코르 와트*

갑자기 사라진 이유에 대해서도 아직 정확히 밝혀진 것이 없다. 노예들이 반란을 일으켜 거주민들을 모두 학살했다는 설이 있는 가 하면 인접국의 잇단 침략에 수도를 옮겼다는 설이 있다. 최근 에는 2012년 영국 캠브리지대 연구진이 주장한 기상이변설이 힘 을 얻고 있는데, 오랫동안 지속된 가뭄으로 저수량과 퇴적물이 줄어들면서 저수지 생태계가 바뀌었다는 것이다. 그 결과 조류 와 부유식물이 기승을 부려 방대하였던 물 관리 체계가 급격한 기후 변화를 감당하지 못했다는 것이다.

캄보디아 하면 떠오르는 또 다른 단어는 '킬링 필즈(The Killing Fields)'이다. 1984년에 개봉된 크메르 루주(Khmer Rouge) 학살을 내용으로 한 영화로 폴 포트 정권의 잔학상을 그린 아카데미상 수상작이기도 하다. 슬프게도 이 영화가 사실을 기초로 하여 제 작된 영화라는 것이다. 1960~1970년대에 크메르 루주 정권이 사람들을 대규모로 처형한 사건으로 이러한 대학살 결과 해골이 야지에 무더기로 쌓여 있는 사진들로 유명하다. 필자는 2006년 방문 시 귀국길에 프놈펜 남쪽에 위치한 'Choeung Ek Genocidal Centre(대량학살센터)'를 방문하였다. 이곳은 1975년부터 1979년

---

*   출처: 위키피디아
**   출처: 캄보디아 국립박물관
      https://www.nmc.gov.kh/index.php/post-formats/stone/95-visnu

사이에 살해된 크메르 루주 희생자들의 대규모 무덤이 있는 곳이다. 1970년대 약 700만 명의 인구 중 200만 명을 살해하였다고 하니 참으로 끔찍한 역사이다. 폴 포트 정권은 '썩은 사과는 상자째로 버려야 한다!'라는 주장으로 정치적 반대자를 탄압했다. 통화는 폐지되어 사유재산은 몰수되었고 교육 시스템은 완전히 무너졌다. 국민은 두 그룹으로 구분되어 장기 크메르 루주의 구성원이었던 구인민은 공동체에서 배급받아 스스로 식재료를 재배할 수 있었다. 그러나 프놈펜 함락 후에 도시에서 강제 이주된 신인민은 끊임없이 반혁명 혐의로 숙청할 대상으로 간주되었다. 프놈펜은 기아, 질병, 농촌 강제 이주에 의거해서 유령 도시로 변모했고 의사나 교사도 발견되면 '재교육'이라는 명목으로 불려가 처형되었다. '안경을 쓴다!', '글을 쓸 수 있다!'는 이유만으로 처형된 사례도 있다고 한다. 폴 포트가 많은 악행을 저질러 이와 같이 지식층은 궤멸되었고 캄보디아의 사회 기반은 소생이 불능하게 무너지게 되었다.

이런 슬픈 역사를 가지고 있는 캄보디아가 이제 다시 깨어날 때가 되었다. 세계은행(World Bank) 등을 포함한 국제기구와 여러 유럽 국가들이 캄보디아의 교육을 되살리기 위해 지원을 아끼지 않고 있다. 또한, 광주과학기술원 국제환경연구소가 주축이 되어 2021년 11월부터 한국국제협력단(KOICA)의 지원으로 캄보디아 최고의 대학인 왕립 프놈펜 대학교(Royal University of

프놈펜 남쪽에 위치한 Choeung Ek Genocidal Centre(대량학살센터)

프랑스로부터 독립한 것을 기념하기 위해 독립광장 중앙에 세워진 독립기념탑과 프놈펜 도심 외곽에 새롭게 개발되는 신도시

Phnom Penh)에 '환경공과대학'을 설립하는 장기 프로젝트가 시작되었다. 이는 캄보디아 인적 자원 개발 정책 및 교육 정책에 잘 부합하며, 환경문제 해결과 지속 가능한 개발 목표 달성에 기여할 것으로 기대된다. 사실 교육뿐만 아니라 모든 분야가 기초부터 튼튼해야 하기 때문에 어린 학생들에게 환경에 대한 인식을 심어주는 것이 무엇보다 중요하다. 그동안 개발도상국의 지속 가능한 환경문제에 대처하고 미래세대를 교육하기 위해 수년간 캄보디아 농촌지역 고등학생들을 대상으로 한 과학캠프도 진행되었다. 캄보디아 쓰리싼토 지역의 쓰레이 싼토 고등학교 등 6개 학교 약 700명 이상의 학생들을 대상으로 국제환경연구소 연구진, 국제인턴과 광주과학기술원(GIST) 대학생들 그리고 현지인 봉사 대학생 등이 참여하여 과학캠프를 진행하였다. 이러한 미래세대의 교육을 통하여 옛 앙코르 왕국의 중흥을 기대하는 캄보디아의 미래에 대한 초석이 닦여지기를 희망한다(여행문화, 2021. 6.).

왕립 프놈펜 대학 캠퍼스 및 총장 일행

캄보디아의 미래인 젊은 교수들과 강연을 듣는 ITC(Institute of Technology of Cambodia)의 학생들

2018년부터 매년 진행되는 과학캠프에 참가한 학생들

한국 뺨치는
베트남 SKY 캐슬

메콩강 유역 국가에 대한 여행기를 준비하면서 어느 나라로 시작해서 어느 나라로 마무리할지를 고민해보았는데, 역시 대미를 장식할 나라는 베트남이어야 한다는 결론에 도달했다. 2002년 시작된 나의 동남아 여행의 시작이자 국제협력의 많은 결실로 나에게 교육자로서의 보람을 안겨준 나라. 베트남은 워낙 관광객도 많고 교류도 많기에 안 가본 사람이 없을 정도로 모든 정보가 넘쳐나는 국가다. 그럼에도 필자가 기록하는 베트남은 무엇이 새로운 내용일까? 나에게 가장 강인한 인상을 남긴 베트남

호텔에서 바라본 하노이 전경 및 중심부에 위치한 호안끼엠 호수(Hồ Hoàn Kiếm, 還劍湖) 내 베트남 전통 식당

관련 키워드는 '교육'과 '음식'이다. 그중에서 무엇보다도 대학에서 학생들을 가르치고 있고 지금까지 많은 베트남 졸업생들을 배출했기에 먼저 교육에 대해 이야기를 시작해보려고 한다.

이번 절의 제목을 '한국 뺨치는 베트남판 SKY 캐슬'이라 하면서 드라마 때문에 뭔가 부정적인 이미지를 풍기지는 않을까 조금 우려도 되었지만 열성적인 교육을 빼고는 베트남을 논할 수 없기에 그대로 정했다. 여기서 SKY 캐슬로 비유한 것은 어떤 비리나 불공정을 의미하는 것이 아니라 교육에 목숨을 건 베트남 사람들의 사례를 표현하고자 함이다. 2005년부터 시작된 광주과학기술원—하노이 과학대학과의 공동 교육프로그램을 진행하면서 지켜본 학생들과 이야기를 나누다보면서 이들의 학문에 대한 열정이 어디에서부터 왔는지 궁금하게 되었다. 수십 번의 하노이 방문을 통해 내린 나름의 결론은 어른을 존경하고 학문을 숭상하는 유교 전통의 뿌리가 아닐까라는 것이다.

베트남의 교육을 이야기할 때 유교문화의 상징 '하노이 문묘-국자감(文廟-國子監, Văn Miếu-Quốc Tử Giám)'을 빼놓을 수가 없다. 이는 공자와 그의 제자들을 기리기 위해 건축되어 '공자묘'라고도 불리는 유교 유적지이다. 1070년 공자를 모시는 사원 '문묘'와 그 안에 베트남 최초의 국립대학 '국자감'이 함께 세워져 과거 유학을 가르치는 교육 기관의 역할도 수행하였다고 한다(고려시대의 국자감은 992년(성종 11년)에 설립된 국립 고등 교육

베트남 하노이에 있는 공자를 모시는 사당 문묘 및 최초의 대학인 국자감 입구 사진. 문묘의
내부에는 한자 글귀들이 보임*

기관으로 수도 개경에 위치하였다). 이 국자감은 외국인들에게
도 제일 먼저 추천되는 여행지일 뿐 아니라 학업을 시작하거나

마무리하는 베트남 사람들에게는 꼭 방문을 해야 할 곳이라고
한다. 필자가 방문할 때도 늘 베트남 학생들과 외국인 관광객으
로 붐볐고, 특별히 졸업 시즌에는 학생들이 가운을 입고 단체 촬
영을 하는 장면을 자주 목격하였다. 이러한 전통을 보더라도 베
트남 국민들에게 교육이란 최고의 가치가 아닌가 싶다.

문묘–국자감 내부의 모습

*   출처: 베트남 통신사-TTXVN

광주과학기술원 석사과정에 재학 중인 베트남 유학생 Hoang Thi Phuong Anh 학생이 고교졸업 기념으로 1996년에 문묘-국자감에서 찍은 사진

6·25 전쟁 이후 폐허가 되어 다른 나라에게서 원조를 받던 대한민국이 이제는 반대로 다른 나라를 돕는 위치가 되었다는 것은 누구도 부인할 수 없는 자랑스러운 일이다. 많은 동남아 친구들은 필자에게 이러한 발전의 첫 번째 요소가 무엇인가를 묻는다. 필자는 단 일초의 망설임도 없이 교육의 힘이라고 말한다. 1960~1970년대만 해도 시골에서 소를 팔아 서울로 유학을 보낸다든가 제주도에서 감귤 나무를 재배하여 학비를 뒷바라지 한다는 미담이 종종 들리곤 했다. 이와 비슷한 미담을 가진 베트남 유학생들

이 2000년대 초반부터 필자의 학교에 많이 왔었다. 미담이라기보다는 가슴 아픈 사연이라고 표현하는 것이 더 정확할 수도 있겠다. 필자의 학교인 광주과학기술원(GIST)은 정부의 지원을 받는 연구중심대학교이므로 학비도 없고 모든 학생들에게 장학금을 지급하기 때문에 입학만 하게 되면 금전적인 어려움은 없다. 그러나 다른 어려움이 있는데 베트남 학생들은 공부를 위하여 가족과의 이별도 마다 않는 경우가 많았다. 지금은 독일계 기관인 GIZ에서 근무하는 Hanh 박사는 결혼 후 아기를 출산한 후 6개월 만에 아기를 베트남에 떼어놓고 5년간의 석·박사 과정을 마치고 귀국한 경우이다. 필자의 동료 연구자로 하노이 과학대학에서 근무하는 Ha 박사는 출산한 지 1년도 안 된 아기를 데리고 일본의 Ehime 대학으로 유학을 가서 홀로 아이를 키우며 박사 학위를 취득하고 베트남으로 돌아간 경우이다. 일본 유학 기간 동안 남편은 해오던 사업을 해야 하였기에 하노이에 남아 있어야 했으니 유학 시절의 어려움은 충분히 상상이 간다. 또 다른 사례로 베트남의 고위직 공무원이었던 Cuong 박사는 학위를 위하여 3년간의 한국 유학 시절 동안 두 아들과 아내를 하노이에 남겨두고 홀로 꿋꿋이 박사 학위를 마치고 귀국하여 복귀하였다. 이러한 사례들은 본인이 직접 지도하였던 학생들이나 동료들이었기에 사실이고 주변에 이 외에도 더 많은 사례들이 있다. 몇몇 매우 우수한 베트남 학생들은 광주과학기술원을 졸업한 후 미국이나 유럽으로 유학을 가서 그곳의 대학교에서 교수가 되어 후학을 양성하고 있는 제자들도 있다. 이러한 미담이 가능할 수 있었던 것은 교육에 대한 베트남 사람들의 열정, 가족들의 희생 정신 그리고 베트남의 국가 차원의 전폭적인 지지가 있었기 때문일 것이다. 베트남 정부는 공무원이 외국에서 공부할 수 있는 기회를 충분히 제공할 뿐만 아니라 복귀할 때까지 기다려주어서 다시 조국에 봉사할 수 있게 하였다. 2000년대 초반 베트남 국비 장학생으로 선발되어 필자의 학교에 온 베트남 유학생에게 베트

2005년 GIST-HUS 교육프로그램의 역사적인 시작. 첫 현지 강의, 17년 만에 다시 찾은 HUS 및 필자가 지도한 졸업생들(왼쪽 위부터 시계방향)

남 교육훈련부는 1인당 연 1만 달러를 지원하였는데, 그 당시 베트남의 국민 소득을 고려한다면 정말 아낌없이 교육에 투자했음을 알 수 있다.

일찍이 한류 드라마를 사랑하고 여전히 매일 밤마다 대부분의 채널에서 한국 드라마를 상영하는 베트남. 2000년대 초반 하노이를 방문했을 때도 이미 '대장금' 등 여러 한국 식당이 있었던 곳. 필자의 동료로 같이 공동교육 프로그램을 만들어 진행하였던 하노이과학대학의 Pham Hung Viet 교수는 당시 만나기만 하면 드라마 '허준'에 대하여 한 시간도 넘게 열변을 토했다. 사실 필자는 드라마 '겨울 연가', '대장금', '허준' 등을 별로 본 기억이 없음에도 무엇이 베트남 사람들을 한국 드라마에 빠지게 하였을까? 예나 지금이나 우리나라 드라마의 주요 소재는 고부갈등 혹은 부모의 결혼 반대 등인데, 이런 모든 내용이 유교 문화 전통과 관계되어 있다는 것이다. 대부분의 사회 체계가 유교를 기반으로 하였기에 감정의 공유가 가능하였으리라고 나름 생각해보았다. 이러한 정서적 공통점에도 불구하고 베트남과 한국에 있어서의 하나의 차이가 있다. 아직도 우리는 한자를 배우고 대부분이 읽을 줄 알며 단어의 의미를 이해하는 데 반해 베트남은 프랑스의 점령 시기에 한자를 사용하지 못하고 알파벳을 사용하게 되었다. 베트남 단어의 의미를 들어보면 우리가 한자 단어를 유추할 수 있다. 문묘-국자감에는 많은 글귀들이 한문으로 새겨져 있어 나이가 많으신 한국 관광객들은 그 의미를 추측할 수 있음에도 베트남 사람들에게는 그저 중국 글씨로만 보일 것을 생각해보면 개인적으로 마음이 아프다. 아마도 베트남이 아직도 우리와 같이 한자 문화를 유지하고 있었더라면 더욱 많은 것을 공유하는 친한 형제의 나라가 될 수도 있지 않을까 상상해본다 (여행문화, 2021. 9.).

고급 레스토랑 한켠에 있는 제사상. 옆의 와인과 묘한 대조를 보인다.

03

말레이시아
샅샅이 살펴보기

말레이시아의
정치·사회 편

말레이시아 하면 제일 먼저 떠오르는 것이 무엇일까?

쿠알라룸푸의 상징 페트로나스 트윈 타워, 말레이시아 사람들
이 원조라고 자랑하는 과일의 왕 두리안,[1] 그중에서도 왕 중의

과일의 왕 두리안 중 최고의 품종인 猫山王 榴莲(Musang king)

왕이라는 猫山王 榴蓮(Musang king), 한국 관광객들에게 인기가 있는 반딧불 투어 정도가 아닐까. 말레이시아는 한국인에게 그리 유명한 관광지가 있는 곳도 아니다. 비행기로 6시간 이상 걸리는 동남아의 가장 먼 곳에 위치한 탓에 우리가 그리 큰 관심을 가졌던 국가가 아닐 수도 있다.

필자는 운이 좋게도 몸담고 있는 대학에서 연구년을 맞아 2018년 한 해 동안 말레이시아의 행정수도인 푸트라자야(Putrajaya)[2]에 위치한 국립 푸트라 말레이시아 대학(UPM, Universiti Putra Malaysia)[3]에 재직하면서 학생들에게 강의도 하고 환경 분야의 연구도 지도하면서 보내게 되었다. 이 푸트라자야 지역은 관광지가 아닌 행정수도이기에 말레이시아의 실생활을 느껴볼 수 있는 지역이다. 그 일 년 동안 필자는 한국인과의 만남은 최소로 하고 다양한 말레이시아의 친구들과 사귀면서 여행객으로서는 느낄 수 없는 말레이시아의 참모습을 경험하고 느꼈다. 일 년간 느낀 많은 내용 중 먼저 사회적으로 특이하다고 느낀 몇 가지 사실을 소개한다.

정치 이야기는 다소 민감하고 오해를 일으킬 수 있기에 우선적으로 사실에 근거한 내용만을 적어보고자 한다. 지난 2018년 5월 9일에 말레이시아의 총선이 있었다. 그 결과 이전에 집권을 하고 있던 나집 총리와 측근들의 비리가 많이 드러나면서 60년 만에 정권교체에 성공했다. 집권 정당이 단 한 차례도 바뀌지 않

UPM에서 강의하는 중 필자의 수업을 듣던 학생들과 함께

푸트라자야 지역 하천오염도 조사를 위해 현장조사를 나갔던 모습

은 지구상 두 나라 중 하나인 말레이시아에서 새로운 수상이 탄생하였는데, 그분이 바로 기네스 기록상 최고령 총리인 93세의 마하티르 빈 모하맛(Mahathir bin Mohamad) 7대 총리이다. 1981년부터 2003년까지 22년간 말레이시아를 통치했던 총리인데, 총리직 사임 후 15년 만에 야당과 연합하여 총리로 재선출되었다. 이러한 말레이시아의 선거 과정에서 나에게 흥미로운 점은 부정선거 방지 방법 및 선거 전후의 임시휴일이었다.

선거를 하면 검지에 검은 표식을 하여 이 사진을 SNS에 올려 선거 참여를 인증 샷으로 사용하는데, 사실은 한 번 했으니 두 번 하지 못하도록 하는 부정 선거 방지용이라는 것이다. 씻어도 잘 지워지지 않는 약품으로 며칠 동안 남아 있다고 하며 이를 은근히 자랑하고 다닌다. 또한 말레이시아에서는 선거 전 하루 또는 이틀이 임시휴일인 경우가 대부분인데, 이번에는 선거 이후에도 추가로 이틀을 휴일로 지정하였다. 선거 이후의 휴일은 야당이 이긴 경우이기 때문이라고 설명하는데, 이는 처음 있는 경우라 확실

선거 후에도 검지에 남아 있는 검정색 화학약품

하지 않다. 선거 전에 휴일을 지정하는 이유는 대부분의 사람들이 투표를 위해 고향으로 가야 하기 때문이다. 부재자 투표가 있

기는 하나 이는 외국 체류자, 경찰 및 군인에 국한되어 있다. 말레이시아 국민들은 선거 기회에 고향을 방문하여 오랜만에 가족과 친구를 만날 수 있기에 일부러 주소를 본인의 현 거주지나 근무지로 옮기지 않는다. 정부 차원에서도 이를 인정하여서 선거 전에 하루나 이틀 정도를 휴일로 지정하는 것이고 우리 대학도 이틀을 쉬었다.

귀국을 준비하던 12월에 갑자기 우리나라 외교부에서 문자 메시지가 왔다. "[외교부] 12. 8(토) 말레이시아 메르데카 광장 대규모 집회 예정, 신변 안전 유의"라는 내용이었다. 다른 건 다 참아도 줄서는 것과 궁금한 것은 못 참는 필자는 말레이시아를 구성하는 다양한 인종인 말레이계, 중국계 및 인도계의 친구들에게 그 경위를 물어보았다. 12월 8일의 대규모 시위는 말레이시아 인구의 약 70%를 차지하고 있는 말레이계가 자신의 기득권 보장을 요구하며 벌인 것이었다. 말레이시아는 '부미 푸트라(산스크리트어에서 유래, 토지의 아들, 토착민이라는 뜻)[4]'라는 정책이 있는데 말레이계가 인구의 70%가량을 차지하고 있지만 과거 경제의 실권은 25%에 불과한 중국계 주민이 대부분 장악하고 있었다. 이에 원주민의 불만이 많아서 여러 가지 사건이 발생하였고, 말레이계와 중국계의 빈부 격차를 줄이기 위해 1971년부터 정부가 추진해온 실질적인 말레이계 우대정책이다. 이 정책은 실제로 말레이계의 사회경제적 지위를 향상시키는 데 큰 기여를 했다. 그러나 시행 40년이 넘어가면서 비말레이계의 역차별 논란과 국가 경쟁력 저하의 원인으로 지목되어 왔다. 새로운 정부에서 이를 보완하려는 시도가 있었고 그 시도를 반대하는 집회가 열렸다는 것이다. 또한 2018년 11월 26일에 수방자야라는 지역에서 힌두교 사원을 옮기려는 시도 때문에 폭동이 발생하기도 하였다. 그 배경 중의 하나는 인종 간의 불신으로 인한 소통 부족이라고 알려졌다. 이러한 일련의 사건들을 보면서 우리나라도 나날이 늘어나고 있는 다문화가정을 포용할 수 있는 장기적인 안목의 융합정책이 필요함을 느끼게 되었다.

　마지막으로 흥미로운 점은 이 나라에는 결혼증명서(Kad Perakuan Nikah)가 존재한다는 것이다. 이슬람교 국가를 지향하는 말레이시아에서 가족 간의 유대와 이를 지키기 위한 많은 정책들이 시행되고 있다. 이 결혼증명서도 부부 간의 외도를 방지하기 위한 제도적 장치라는 것이다. 이 증명서는 이슬람교 주민이 결혼할 때 이슬람사원에서 발행하며, 말레이시아에서는 내국인 부부가 호텔에 투숙할 때 반드시 이 증명서를 보여주어야만 함께 투숙이 가능하다. 아직도 말레이시아는 대가족 중

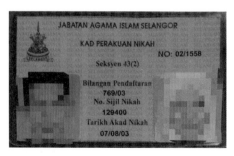

2003년도에 발행된 말레이시아 친구의 결혼증명서 앞면

심 사회이며 친척 간에도 아주 *끈끈한* 혈연 중심의 사회를 유지하기 위하여 정부가 많은 노력을 하고 있다.

끝으로 이 글을 작성하는 데 많은 정보를 제공해준 말레이시아에서 만난 그리운 친구들에게 감사의 마음을 전한다. 특별히 2000년 초, 필자의 연구실에서 인턴 연구를 한 인연으로 UPM으로 나를 초청하여 돌보아준 학장 Zaharin 교수 등과의 인연에 감사하며 가까운 시일에 곧 반갑게 다시 만나기를 고대해본다. 여기에 실린 많은 사진들은 모두 그들의 도움이 있었기에 가능했음을 밝힌다(여행문화, 2019. 5.).

UPM으로 필자를 초청하여준 Zaharin 학장(노랑 가운)의 정교수 취임식

1년 동안 나의 발이 되어준 말레이시아 조립형 Perodua사 Axia 차량

---

1 두리안은 그 지독한 냄새로 인해 많은 호텔 및 이곳의 국내선 항공기에
  서조차 반입을 금지하고 있는 과일로, 사람에 따라 호불호가 확실히
  갈린다.

2 이 지역은 원래 셀랑고르(Selangor)주에 속하였으나 1995년 연방정부
  가 푸트라자야시를 설립하여 2001년 연방정부의 행정수도로 지정되었
  다. 말레이시아 초대 총리를 지냈던 툰쿠 압둘 라만 푸트라(Tunku Abdul
  Rahman Putra)의 이름에서 도시명이 유래되었다.

3 Universiti Putra Malaysia가 말레이시아어에 따른 공식 명칭이다.

4 정확히 말하면 'Benefit to Bumiputra'로 상대적 약자 우대정책으로 번
  역된다.

말레이시아의
음식·물가 편

말레이시아를 포함한 동남아를 여행하면서 느끼는 즐거움 중의 하나는 저렴한 물가 덕분에 맛있는 현지 과일과 음식을 맘껏 즐길 수 있다는 것이다. 특별히 많은 여행자들이 한국에서는 먹기 어려운 열대 과일을 현지에서 신선하게 맛본 경험이 있을 것이다.

필자 또한 망고, 망고스틴, 두리안, 잭푸르트, 파파야 등 신선한 과일을 시장이나 슈퍼에서 저렴하게 구입하여 맛보았다.

이번에는 2018년 일 년간 말레이시아에 체류하면서 필자가 경험한 물가 중 특히 음식 값에 대해 소개하려고 한다. 말레이시아에도 많은 교민들이 살고 있고, 쿠알라룸푸르 지역에는 암팡(Ampang)과 몽키아라(Mont Kiara)에 많은 한인 업소와 국제학교 등이 있다. 이런 지역에서 한국에서처럼 살면서 동일한 음식을 먹고 생활한다면 물가가 저렴하다고 느끼지 못할 것이다. 그러나 실제로 현지인들과 같이 현지음식을 먹고 현지 슈퍼(대표적인 슈퍼는 Jaya[1] Grocery로 많은 물품들을 아주 저렴하게 구입할

수 있다. 김치를 포함한 다수의 한국 식품도 판매한다)에서 쇼핑
한다면 말레이시아의 싼 물가에 감동을 받을 것이다. 이 글에서
는 여행자로서 느끼는 물가가 아니라 현지인들과 같이 생활하면
서 접하는 물가를 소개하면서 한국의 물가와 비교해보고자 한다.

　의식주 중에서 가장 중요한 음식 물가로 이야기를 시작해보
자. 필자가 근무하였던 대학에는 캠퍼스 곳곳에 야외 카페테리
아가 있었다. 에어컨이 설치되어 있지 않고 햇빛만 가리는 그늘
집 형태라 너무 더워서 자주 즐기지는 못했지만 가끔 음식을 사
가지고 사무실에 와서 먹었던 경험이 있다. 보통 네스 카페 아이
스(말레이시아에는 달달한 커피 믹스형 아이스커피를 이렇게 부
른다), 작은 생수 한 병과 나시 고랭 아얌 스페셜(Nasi goreng ayam
special, 말레이시아 식 닭고기 볶음밥)[2]을 주문하면 7.5MYR(Malaysian
Ringgit, 말레이시안 링깃)[3]이니 한국 원화로 2천 원 정도이다. 아
마 이와 유사한 점심 메뉴를 한국의 대학교 카페테리아에서 구
입한다면 적어도 5~6천 원은 될 것이다.

　학생들을 대상으로 하는 또 다른 학교 인근의 말레이시아 현
지인 식당 'Nabilla'에는 이슬람교도들을 위한 다양한 종류의 할
랄 음식을 판매한다. 사진에 보이는 메뉴판의 대부분 음식들은
6MYR을 넘지 않으며(원화로는 2천 원도 되지 않는다), 요리를
하나 시키면 아주 많은 양의 쌀밥이 포함되어 나온다. 물론 이보
다 비싼 가격의 식당들도 있다. 학교가 위치한 푸트라자야 지역

Nasi Goreng			
	RM		RM
Kampung	4.50	Ayam Special	5.50
Cina	4.50	Ladna	5.00
Tomyam	4.50	Daging Merah	6.00
Cili Api	4.50	Ayam Merah	5.50
Ikan Masin	5.00	Ayam Kunyit	6.00
Ayam	4.50	Pattaya	6.50
Seafood	5.00	U.S.A	7.00
Cendawan	5.00	Paprik	6.50
Daging	5.50		
*Operation hour: 9.00am - 6.00pm		*Self service	

학교 카페테리아의 메뉴판

말레이시아 현지인 할랄 식당 'Nabilla'의 메뉴판

에서 가장 고급 쇼핑몰인 IOI Resort City에 가면 아주 많은 식당
들이 있는데 중국인들이 많아 중국 식당이 즐비하다. 그중 하나
로 말레이시아에서 인기 있는 'Dragon-I'라는 식당에 가서 중국

차를 마시고(물론 무제한 리필), 黑椒牛肉炒拉面(흑초우육초랍면: 흑후추 쇠고기 볶음면으로 번역된다, Fried Seasoned Beef La Mian) 을 먹으면 30.65MYR 정도이다. 이 쇼핑몰에는 많은 종류의 한국 식당들이 있는데(물론 주인이 한국인이 아닌 식당도 있으며, 이 런 곳은 현지인 입맛에 맞춰져 음식들이 모두 달다), 그중 최근 에 개업한 한 곳은 한국 음식과 가장 비슷한 맛을 낸다. 점심 특 선 메뉴로 된장찌개 백반이 19.90MYR이며, 우리 대학교 교직원 들에게는 10% 할인도 해준다. 쿠알라룸푸르 이외에도 말레이시 아는 각 지역별로 특별한 음식들이 있는데, 페낭의 페낭 아삼 락 사(Penang asam laksa)[4]와 맥주 한 잔을 주문해도 20MYR 이내이 고, 말라카의 유명 음식인 치킨라이스 볼(Chicken rice ball)과 차 를 마셔도 20MYR 정도면 충분하다.

음식은 아니지만 나에게 중요한 또 다른 아이템은 맥주 값이 었다. 워낙 맥주를 즐기기도 하지만, 말레이시아 현지에서 생산 되는 타이거(Tiger) 맥주는 맛도 좋아 한국에 돌아온 이후에 가장 그리운 것 중 하나이다. 안타깝게도 이슬람교 국가를 지향하는 말레이시아이기에 맥주 값은 싸지 않다. 타이거 생맥주 330ml를 5잔 세트로 마시면 75MYR이므로 한 잔에 15MYR(＝4천 원이 조 금 넘는다)으로 다른 음식 물가에 비하면 비싼 편이다. 수입 맥 주는 한층 더 비싸서 쿠알라룸푸르 방사지역에 위치한 Brotzeit (독일식 식당 바)에 가서 마신 헤페 바이젠(HH Weisbier, 독일식

말라카의 유명 식당에서 판매 중인 Chicken rice ball(좌)과 페낭의 유명한 Penang asam laksa(우). 시큼한 맛을 좋아하는 필자가 가장 좋아하는 말레이시아 음식이다.

다양한 말레이시아 식당에서의 계산서

밀 맥주) 500ml 한 잔은 30MYR(약 8천 원)이어서 말레이시아 현지 음식에 비교한다면 매우 비싼 셈이다.

말레이시아는 여러 가지로 축복을 받은 나라이다. 추운 겨울이 없어 얼어 죽을 걱정도 없고, 음식이 싸고 어딜 가나 열대 과일을 찾을 수 있으니 굶어 죽을 걱정도 없다. 말레이시아에서는 한국만큼 대중교통이 발달하지 않아서 많은 사람들이 승용차를 가지고 다닌다. 말레이시아에서 조립한 차량들은 가격이 저렴할 뿐만 아니라 석유 생산국이어서인지 휘발유 값이 무척 싸다. 말레이시아 휘발유 값은 2018년 12월 기준으로 1리터당 2.2MYR이니 600원 정도이다. 세계에서 이보다 휘발유 값이 싼 나라가 있을까 하는 생각이 들 정도이다.

우리나라는 현재 1인당 GDP가 3만 달러이고 말레이시아는 1만 달러 정도이니 우리나라가 3배 정도 더 잘산다고 생각할 수 있겠지만 필자는 여기에 동의하지 않는다.

말레이시아의 물가 특히 음식 값 등은 우리나라의 1/3 정도여서 이런 모든 물가를 고려한다면 말레이시아와 우리나라의 소득 대비 체감 물가는 비슷한 것 같다. 그렇다면 행복을 느끼는 만족도는 어떨까? 한국 사람들에 비해 말레이시아 사람들은 잘 웃고 긍정적이며 무척 순진한 것 같다. 아주 사소한 것에도 만족하면서 가족·친척들과 많은 행복을 공유한다. 말레이시아에 있는 편의점인 패밀리 마트에서는 마차(녹차) 소프트 아이스크림은 인기가 대단하다. 가격이 3MYR(＝850원) 미만의 저렴한 아이스크림이지만 그걸 먹으면서 즐겁게 웃고 떠드는 청소년들을 보고 있자면 '과연 우리나라의 청소년들은 이런 작은 아이스크림 하나에도 감사하면서 행복해 할까?'라는 생각이 든다. 행복은 돈으로만 얻어지는 것이 아님을 새삼 느끼게 한다(여행문화, 2019. 9.).

마차(녹차) 소프트 아이스크림

---

1 자야(Jaya)는 말레이어로 '성공(Success)'이라는 뜻으로 많은 지명이 Jaya로 끝난다.

2 나시 고랭은 말레이시아가 자랑하는 볶음밥으로 인도네시아와 서로 원조라고 논쟁 중인 음식이다. 아얌(ayam)은 닭고기를 의미한다.

3 2019년 5월 7일 표준 환율: 1MYR＝282.44KRW(Korean Won, 한국 원화)

4 아삼(asam)은 말레이어로 시큼하다는 뜻이다.

말레이시아의
언어 편

　말레이시아에서 일 년 동안 체류하면서 알게 된 새로운 사실 중의 하나는 이곳에는 다양한 중국어가 존재한다는 것이다. 도착 후 여러 곳에서 만난 중국계 말레이시아 친구들이 처음 듣는 언어를 사용하는 것을 보았다. 아니 사실 어느 나라 말인지도 몰랐다. 표준 중국어(現代標準漢語, Standard Mandarin)와 광둥어(廣東語, Cantonese)는 유학 시절 많이 들어서 익숙한 편인데 그 언어는 아니었다. 궁금한 걸 못 참는 필자는 친한 몇몇 중국계 친구에게 질문을 하게 되었고, 다양한 중국어 방언에 대한 설명을 듣고 알게 되었다.

　말레이시아에서 많이 쓰이는 중국어 방언 중에 하카어, 호키엔어, 테오츄어(혹은 차오저우어)가 있다. 위키피디아에 따르면 하카어(중국어: 客家語; 한자음: 객가어, Hakka)는 중국어의 방언으로 주로 광둥성 동부, 푸젠성 서부, 장시성 남부에서 쓰이지만, 해외의 중국인과 화교에게도 많이 쓰이는 언어라고 한다. 객가인들은 당, 송나라 시대에 남하하였기 때문에 그 당시 중국어의 특징이 아직까지 보전되어 있다고 한다. 그 후 청나라 초기에는 대만으로 또 다른 이주를 하였다고 한다. 하카어 사용자들은 여러 지역에 분포해서 살고 있는데, 주위 언어나 방언에서 영향을 받은 차용어가 많아 지역별로 약간씩 차이가 있다고 한다.

호키엔어(중국어: 福建話, 閩南語; 한자음: 민난어, Minnan language or Hokkien)는 중국 남동부에 위치한 푸젠성 남동부의 민난 지역에서 유래된 언어라고 한다. 현재에도 대만, 말레이시아, 싱가포르, 인도네시아, 필리핀 및 동남아시아 다른 지역의 중국 이주민들과 전 세계의 해외 중국인이 여전히 사용한다고 한다.

테오츄어(또는 차오저우어, 중국어: 潮州話, Teochew)는 주로 광동 동부 차오산 지역의 사람들이 사용하는 방언이다. 호키엔 어의 일부 방언과 밀접한 관련이 있기는 하나 두 언어의 소통이 쉽지는 않다고 한다. 테오츄어는 다른 현대 중국어에서 잃어버린 많은 구 중국어 발음과 어휘를 보존하고 있어 이 언어를 가장 보수적인 중국 방언 중 하나로 간주한다. 특히 차오산 지역은 18세기에서 20세기까지 동남아시아로의 중국 이민의 주요 원천 중 하나여서, 그 지역 출신의 많은 해외 중국 공동체는 테오츄어를 사용하였다. 이 지역 사람들은 캄보디아, 태국, 라오스에 정착하여 중국 최대의 언어 그룹을 형성했다. 베트남, 싱가포르, 말레이시아(주로 조호르 및 셀랑고르주 지역)와 인도네시아(보르네오의 서칼리만탄 지역)에 있는 중국 공동체들 사이에서 테오츄

일상생활에 쓰이는 서로 다른 중국어 단어와 발음들

No.	Examples	Chinese	Cantonese	Hokkien	Hakka	Teochew
1	Student 学生	xué shēng	hok6 saang1	hàk-seng	hok6 sang1	hag8 seng1
2	Vacation 放假	fàng jià	fong3 gaa3	bàng-gèh	fong4 ga4	huang3 ge2
3	Now 现在	xiàn zài	yi4 gaa1	chit-chūn	gin1 ha4	hing7 zai6
4	Travel 旅行	lǚ yóu	leoi5 hang4	chiàh-hong	li1 yiu2	li2 iu5
5	Thank you 谢谢	xiè xiè	do1 ze6	to-siā	do1 qia4	do1 sia7
6	Friend 朋友	péng yǒu	pang4 yau5	pîng-iú	pen2 yiu1	peng5 iu2
7	People 人们	rén	yan4	lâng	jin2	nang5
8	We/Us 我们	wǒ mén	ngo5 dei6	góa lâng	nga1 deu1	ua2 mung5

No.	예시	중국 표준어 (간체자)	대만 중국어 (번체자)	말레이시/싱가포르 (간체자)
1	자전거 타기	骑 自行车 qí zì xíng chē	骑单车 qí dān chē/jiǎo tà chē	踩 脚车 cǎi jiǎo chē
2	음식 포장	打包/带走 dǎ bāo/dài zǒu	外带 wài dài	打包 dǎ bāo
3	토마토	西红柿 xī hóng shì	番茄 fānqié	番茄 fān qié
4	당근	胡萝卜 hú luó bō	红萝卜 hóng luó bō	萝卜 luó bō
5	출금	取款 qǔ kuǎn	提款 tí kuǎn	按钱 àn qián
6	심심해	郁闷 yù mèn	无聊 wú liáo	很显 hěn xiǎn
7	정말인지 물어볼 때	真的吗? zhēn dè mā	真的假的? Zhēn dè jiǎ dè	有没有 yǒu méi yǒu
8	뭐 해?	干啥呢 gàn shà ne	干嘛 gàn má	做么 zuò mò

어를 많이 사용하고 있다. 1949년 중국 내전에서 공산주의 승리 이후에 차오산에서 홍콩으로의 이주의 물결로 공동체를 형성하게 했다. 당시의 1세대 이민자를 제외한 대부분의 후손들은 현재 이를 잊고 주로 광둥어와 영어를 구사하게 되었다고 한다. 싱

가포르의 경우는 중국계 화교가 약 78%를 차지하는데, 같은 중국 출신이라고는 하나 원래 살던 곳이 아주 다양하다. 중국 본토가 워낙 넓다 보니 방언이 매우 발달하였고, 싱가포르로 이주해 온 화교들도 자기들 고향 방언의 영향을 받아 현재 만다린어(북경 표준어), 하카어, 호키엔어, 광둥어, 테오츄어 등 다양한 중국어를 사용하고 있다.

외국인인 필자가 놀라웠던 점은 많은 중국계 말레이시아 친구들이 영어, 말레이어 이외에도 2~3개의 중국어는 구사할 줄 알며, 이러한 언어 중 몇몇은 일상생활에서 쓰이는 단어들이 너무나도 다르다는 점이다. 예전의 홍콩 르누아르 영화가 중국인에게도 중국어 자막이 반드시 필요한 이유가 이것이다. 하카어와 테오츄어는 성조가 다양하여서 성조를 숫자로 표기한다. 테오츄어는 무려 성조가 8개나 된다는 사실을 새삼스럽게 알게 되었다. 우리에게 테오츄어 성조 1, 4, 5, 7과 8의 구분이 가능할까? 절대음감이 필요할 것 같다. 이것들을 구분한다는 게 성조에 익숙지 않은 한국인에게는 그저 신기할 따름이다.

동남아시아는 인종이 다양한 만큼 그 언어도 다양하다. 말레이시아만 보아도 반도 지역과 보르네오섬에 다양한 언어들이 존재한다. 게다가 성조가 있는 언어가 많고(라오스의 성조는 신기하기까지 하다) 그 성조는 책마다 또는 논문을 낸 학자마다 다를 수도 있고 또한 지방마다 다른 성조를 보여준다고도 한다.

Standard Mandarin(표준중국어)

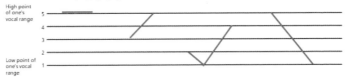

Cantonese(광둥어)

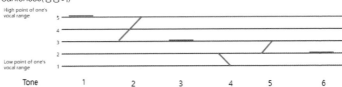

Tone	1	2	3	4	5	6

Hakka(하카어)

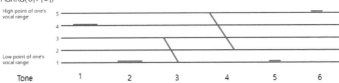

Tone	1	2	3	4	5	6

Teochew(테오츄어)

Tone	1	2	3	4	5	6	7	8

여러 중국어들의 다양한 성조들

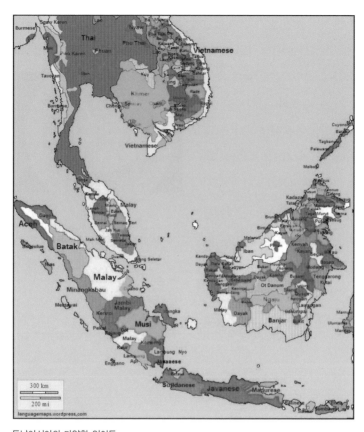

동남아시아의 다양한 언어들

라오스어의 성조

마지막으로 필자가 베트남에서의 성조로 인한 경험을 이야기하고자 한다. 하노이의 베트남 식당에 가서 '까(까 파오, cà pháo:

소금에 절인 작은 열매 음식; 필자는 베트남 김치라고 부른다)'를 주문하였더니 물고기(cá)를 가져다준 기억이 있다. 베트남어에도 6성조가 있다고 한다. 우리가 듣기에는

까 파오

비슷한 '까'와 '가'가 그림과 같이 무려 10개가 있다니 그저 놀라울 뿐이다(여행문화, 2019. 11.).[1]

여러 '까'와 '가'의 차이를 보여주는 베트남어의 성조

signal		`	´	?	•	~
Voval range	High point of one's vocal range Tone / Low point of one's vocal range	High point of one's vocal range Tone / Low point of one's vocal range	High point of one's vocal range Tone / Low point of one's vocal range	High point of one's vocal range Tone / Low point of one's vocal range	High point of one's vocal range Tone / Low point of one's vocal range	High point of one's vocal range Tone / Low point of one's vocal range
vietnamese	**GA** (STATION)	**GÀ** (CHICKEN)		**GẢ** (GET MARRIED)	**GẠ** (INVITE SMB TO DO SMT)	**GÃ** (THE GUY)
	CA (SHIFT/CUP)	**CÀ** (VEGETABLE)	**CÁ** (FISH)	**CẢ** (ALL)	**CẠ** (CLOSE FRIEND)	

---

1 필자에게 도움을 준 친구들이 언어학자가 아니어서 일부 오류가 있을 수도 있으니 너그러운 이해를 바란다.

04

내 가슴속의
소중한 추억들

몽골인의
강인함과 자부심

몽골(Mongolia), 우리에게는 중국식 발음 표기인 몽고로 익숙한 나라이지만 정작 몽골사람들은 어리석다는 '몽(蒙)' 자와 낡았다는 '고(古)' 자를 사용한 중국식 한자 표기를 좋아하지 않는다고 한다. 몽골이라는 국가명은 민족명인 몽골에서 유래했는데 몽골은 '용감한'이라는 뜻이 있다고 하니 몽고보다는 몽골로 부르는 것이 타당할 것 같다. 몽골은 약 1,564,000km² 면적의 국가로(한반도의 7배) 인구는 3백만이나 가축의 수는 7천5백만이라고 한다. 가축의 대부분은 양과 염소로 몽골인들은 4인 가족이 가축 시장에서 구입한 양 한 마리를 다 먹는 데 2주 정도면 충분하다고 한다. 워낙 척박한 땅이라 야채가 부족해 주로 육식을 즐기는데 양고기를 주로 먹기 때문일 것이다. 양은 주된 먹거리이자 화폐 대용으로 몽골 친구에게 들은 이야기로는 결혼할 때 몽골 사람들은 양 한 마리(혹은 그만큼의 현금)를 결혼 축의금으로 준다고 한다. 그러나 무엇보다도 몽골에서 중요한 가축은 말이다. 몽골하면 떠오르는 것은 드넓은 벌판을 달리는 칭기즈칸과

칭기즈칸 박물관에 있는 어마어마한 크기의 동상. 칭기즈칸 탄생 800주년을 기념하여 제작되었는데 철이 250톤 사용되었다고 한다.

기마병들일 것이다. 필자는 이러한 전사들의 후예를 나담 축제(Nadaam Festival)에서 직접 볼 수 있었다.

　나담 축제는 매년 7월 11일~7월 13일에 몽골 전역에 걸쳐 즐기는 전국적인 축제로 씨름, 말타기, 활쏘기 등 세 가지의 전통 경기가 주를 이룬다. 수세기 동안 매해 여름축제로 펼쳐지고 있는데 필자는 2019년 7월 11일 11시에 울란바토르 국립 나담경기장에서 열리는 하이라이트인 '나담 축제 개막식'을 볼 수 있는

2019년 나담 축제 광경 및 필자를 초대한 볼로르마 교수와 함께

행운을 얻었다. 어렵게 표를 구해서 안내해준 몽골 국립대학교 (National University of Mongolia)의 볼로르마(Oyuntsetseg Bolormaa) 교수에게 다시 한번 감사의 마음을 전한다. 이 축제에서는 다양한 퍼레이드 및 무술 시범 등을 볼 수 있는데 몽골인들이 자신의 역사와 전통에 대한 자부심이 대단하다는 것을 느낄 수 있었다. 이 행사에서도 수많은 말들이 등장한다. 몽골에서는 말이 얼마나 중요할까? 몽골의 야외에 나가보면 아이들이 자전거를 타는 대신 말을 타고 다닌다. 필자도 운이 좋게 출장을 가는 중에 아이들이 타는 말을 잠시 얻어 탈 수 있었다. 몽골의 대표적인 술 '아이락(airag)'도 말 젖을 발효시켜서 만든 마유주(馬乳酒)다. 우리가 마시는 막걸리 같이 비릿하고 시금털털한 맛을 가진 아이

게르에서 담근 마유주를 필자에게 선물로 따라 주는 친절한 몽골인(좌)과 가축의 젖에서 치즈 성분을 걸러 바짝 말린 몽골의 간식 아롤(우). 식량이 부족한 겨울에 허기를 채우던 고마운 음식 이라고 한다.

락은 알코올 도수가 6~7도로 어른, 아이 가리지 않고 마시며 알 코올 성분이 낮아 술로 취급하지도 않을 정도다. 술을 만들고 남 은 찌꺼기는 물과 건더기로 나뉘는데, 물은 세수를 하거나 가죽 세척에 쓰이며, 건더기는 반죽해서 말려 치즈과자 '아롤'을 만든 다. 하여간 말에게서 많은 것을 얻어내는 몽골 사람들이다. 몽골 사람들은 주로 보드카를 즐겨 마시는데, 알코올 도수가 40도 정 도이며, 술을 너무 즐겨 마셔서 한 달에 하루는 금주의 날로 정 했다. 필자가 에르데넷(Erdenet)을 방문한 2013년 8월 27일도 마 침 금주의 날이었으나 필자는 이날도 몽골 친구들과 보드카를 어렵게 구해서 호텔방에서 마셨다. 무시무시한 금주 포스터도 별 소용이 없는 듯하다.

몽골의 무시무시한 금주 포스터(좌)와 금주의 날에 몽골 동료들과 호텔방에서 보드카를 마시는 필자(우)

몽골 사람들의 말에 대한 애정은 대단하여서 몽골 야생말인 프셰발스키 종(*Przewalski*)을 보존하기 위한 국립공원이 따로 있다. 필자는 이 후스타이 국립공원(Hustai National Park)에서 며칠을 지낸 적이 있는데, 이 공원 내의 토양생태계를 조사하여 말의 건강에 미치는 영향을 연구하는 프로젝트를 진행하기 위해서였다. 프셰발스키는 몽골 야생말이라고도 하며 유일한 야생말로 유명하다. 야생말이란 사육되지 않고 떼를 지어 야생에서 살아가는 말을 지칭한다. 야생말은 말과에 속하는 종으로 현재 아시아에만 서식한다고 한다. 이들은 무스탕과 같이 야생화된 말이 아닌 진정한 야생의 말이며, 지금까지 성공적으로 가축화된 적이 없다고 한다. 야생말에는 현대에 두 가지 아종이 있었다고 한다. 하나는 멸종된 종으로 유럽, 아시아에 살던 타르판(유라시아 야생말, *Equus ferus ferus*)이며, 다른 하나는 현존하는 프셰발스키

말(Equus ferus przewalskii)이다. 프셰발스키 말은 1960년대 유라시아 지방에서는 멸종이 되었었다고 한다. 다행히도 유럽에 남아 있던 종이 발견되어서 1992년에 네덜란드로부터 16마리가 이곳 몽골의 후스타이 국립공원에 오게 되어 현재 공원에서 개체수를 늘려가고 있다. 몽골 국내외의 여러 전문가와 기관이 협력하여서 2012년도에는 개체수가 270마리까지 늘었다고 보고되었다. 이 프셰발스키 종은 다른 말에 비해 작은 말로 머리는 크고 얼굴은 길며 턱은 힘이 세다. 특별히 눈 사이의 너비가 넓어 넓은 들판을 살피는 데 유리하다고 하며, 목은 짧으며 네 다리는 짧고 통통하다.

후스타이 국립공원, 몽골 동료 연구자들 및 말 위의 필자

몽골 사람들에게도 아주 특별한 점이 많다. 몽골 사람들이 시력이 좋다는 것은 이미 다 알려진 바이다. 필자의 경험에 의하면 몽골에는 대머리가 거의 없다. 이러한 점에 호기심을 가지고 2010년부터 거의 매해 몽골을 방문할 때마다 안경을 쓴 대머리 아저씨를 찾아보았지만 딱 한 명 발견하였다. 후스타이 국립공원에서 우리를 안내해주었던 분인데 영어를 아주 잘하였다. 이력을 들어보니 이분은 외국 생활을 오래하셨던 분이란다. 그래서인지 울란바토르의 한인 교민잡지를 보면 발모에 도움이 되는 약초를 광고하는 내용도 있다. 몽골 사람의 특징은 물러서지 않는 강인함이다. 아무래도 중국과 러시아 등 강대국에 둘러싸여 있는 나

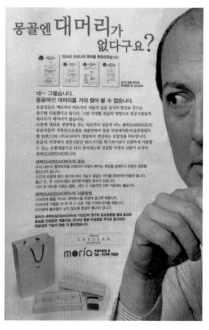

몽골산 모발 전용비누 광고(교민잡지)

라이기에 살아남기 위해서는 이러한 강인함이 필요했을 것이다. 한국인과의 공통점이라고 느껴진다. 음주가무를 즐기는 점도 비슷하다. 필자는 오염된 토양을 정화하는 식물인 고사리에 관심이 많다. 이러한 고사리는 최초의 식물이며, 오지나 추운 지방

등 아무런 풀이 자라지 않는 곳에서 유일하게 살아남은 식물이다. 이러한 고사리를 보면 몽골 사람들이 떠오른다. 전 세계가 코로나로 힘든 시기를 통과하고 있지만 몽골 사람들은 이 정도의 고난에 굴복할 사람들이 아니다. 한겨울 영하 40도의 추위를 게르에서 버티는 사람들이다. 물론 보드카의 도움을 받기는 하겠지만(여행문화, 2020. 11.).

추운 겨울을 견디는 몽골인들이 살아가는 울란바토르 교외의 게르촌

아일랜드 골웨이(Galway)
학회 참가기

대학 교수로 재직하면서 누릴 수 있는 행복 중 하나는 다양한 국제학회에 참석하여 여러 동료들과 학문적인 교류를 할 수 있다는 점이다.

교수들은 대게 자신의 역량을 교육에 반, 연구에 반 정도 할애한다. 연구 결과는 보통 두 가지 방법으로 발표를 한다. 하나는 국내외의 좋은 학술지에 논문을 발간하여 다른 연구자들과 그 결과를 공유하는 것이다. 여기서 좋은 학술지란 곧 이러한 연구 결과물들이 동료들에 의해 많이 인용(citation)되는 논문들이 게재되는 학술지이다. 이러한 과정은 논문 준비에서 발간에 이르기까지 보통 2~3년 정도가 소요된다. 또 다른 방법으로는 학술회의에 참가하여 자신의 최신 연구결과를 동료들 앞에서 발표하고(구두와 포스터 두 종류가 있다), 질문과 토론 등을 통해 피드백을 받는 방법이다.

필자가 연구하는 분야는 '환경지구화학과 건강'이다. 지표계(Lithosphere) 및 수계(Hydrosphere)에 존재하는 다양한 오염 물질이 어디에 얼마나 존재하며 이것들이 인류 및 가축의 건강에 어떠한 영향을 미치는가를 조사하고, 오염이 발견된다면 궁극적으로 이를 해결하기 위한 오염제어 기술을 개발하여 적용하는 분야이다. 운이 좋게도 필자는 영국 유학 시절부터 영국 지도교수님의 영향을 받아 SEGH(Society for Environmental Geochemistry and Health, 환경지구화학과 건강 학회)에 주도적으로 참여하면서 국제학회 참가 및 논문발표를 위해 많은 국가를 방문할 기회가 있었다. 1991년에 스웨덴 웁살라(Uppsala)에서 열린 국제학회를 시작으로 영국 스코틀랜드의 에든버러, 홍콩, 남아프리카 공화국의 케이프타운, 호주의 퍼스 등 세계 각지에서 개최되는 학술회의에 참가하여 논문을 발표하는 기회를 가졌다. 그중에서도 2010년에 아일랜드의 골웨이에서 개최된 2010 International Conference of the Society for Environmental Geochemistry and Health(2010년 환경지구화학과 건강 국제학회)는 여러 가지로 의미 있는 학회였다.

골웨이(영어: Galway, 아일랜드어: Gaillimh)는 아일랜드 골웨이 주의 주도이며, 아일랜드 제3의 도시이다. 면적은 $6,148km^2$ 이고 인구는 대략 7만 3천명이다. 조용하고 평화로운 이곳에 위치한 아일랜드 골웨이 국립대학(NUIG: National University of Ireland Galway)*은 1845년에 설립이 되었고 현재 전 세계 대학 랭킹 1% 이내에 속하는 우수한 대학이다. 2010년도의 SEGH 국제학술회의는 이곳에서 개최되었고 환경지구화학 분야의 개척

자인 Iain Thornton 교수님을 기념하는 행사들로 채워졌으며, 이 학회 중에는 그간의 공로를 치하하는 특별 세션도 열렸다. 이 세션에는 필자를 포함하여 그동안 Thornton 교수님의 지도를 받아 영국의 런던 임페리얼 대학교(Imperial College London)에서 학위를 받은 학자들이 영국, 아일랜드, 중국, 한국 및 유럽 각국에서 참가하여 논문을 발표하였다. 모든 학회에는 참가자들이 같이 모여 저녁 식사를 하며 우정을 다지는 만찬(banquet) 행사가 있다. 골웨이 학회 중 바닷가에 위치한 역사 깊은 레스토랑에서 거행된 만찬에서 우리 졸업생들은 모여서 학창시절 이야기를 나누었으며, 만찬 행사 중에는 나에게는 특별히 기억에 남을 만한 아일랜드 민속 음악공연이 있었다.

아일랜드 민속 음악 공연은 피들(바이올린), 플루트, 만돌린, 밴조 및 아코디언 등의 악기 연주에 빠른 발동작을 포함한 민속 춤 공연이 곁들여졌는데 그 음악은 우리가 영화에서 보던 미국 서부 개척 시대의 음악과 유사하였다. 정확하게 말하자면 이런 미국 음악의 뿌리는 아일랜드 민속 음악으로, 이러한 음악의 공통점은 아일랜드의 슬픈 역사가 담겨져 있다는 것이다.

---

*   https://www.nuigalway.ie/

평화로운 골웨이 주택가 모습

아일랜드 골웨이 국립대학(NUIG: National University of Ireland Galway)*

2010년 골웨이의 SEGH 학회에 참석한 필자, Thornton 교수님과 한국인 참가 교수들(좌), 영국 유학 시절을 함께 보낸 중국인 동료 교수 내외(우), Thornton 교수님과 만찬장에서

아일랜드 역사에서 빼놓을 수 없는 사건이 아일랜드 대기근으로, 1845~1852년까지 아일랜드 섬에서 집단 기근, 역병이 발생하였고 많은 수의 주민들이 집단으로 해외 이주를 했다. 대기근 기간 동안 약 백만 명의 사람들이 죽고, 백만 명이 아일랜드를 떠나 해외로 이주하였다고 한다. 대기근 이후에도 아일랜드인들의 해외 이주는 계속 증가하였으며, 결과적으로 1900년대 중반까지 아일랜드의 인구는 계속 감소하여 본래의 800만 명에서 절반으로 줄었다고 한다. 이러한 대기근으로 음악을 연주하던 대부분의 사람들도 굶주림으로 죽거나 해외로 이주할 수밖에 없었

*   출처: http://www.topuniversities.com/universities/national-university-ireland-galway/undergrad
http://hea.ie/higher-education-institutions/national-university-of-ireland-galway/

는데, 그나마 아일랜드 음악이 명맥을 유지할 수 있었던 것은 미국, 호주, 영국, 캐나다 등지로 이민을 떠난 사람들이 머나먼 타국에서 그들의 음악을 지키고 보존했기 때문이라고 한다.

영국에서 공부하던 시절 아일랜드를 다녀온 많은 교민들이 아

수도 더블린 템플바(Temple Bar in Dublin) 거리의 한 펍(pub)에서의 공연 모습

일랜드를 여행하다 보면 그곳 사람들의 정서가 한국 사람과 아주 비슷하다는 이야기를 들었다. 필자도 비슷한 느낌을 받았다. 정이 많고 한도 있는 듯한 ….

아일랜드의 구성원은 기원전 9세기경부터 유럽에서 이주해온 켈트족을 중심으로 형성한 후 계속된 외침에도 불구하고 자신의 전통을 유지해오고 있다. 일부 주민들은 소수의 농가로 구성된 작은 마을에 거주하면서 비교적 폐쇄적인 생활을 했을 정도로 문화적으로도 켈트족은 오랜 인종적 풍습과 함께 언어, 종교 등에 그 독자성을 나타냈다고 한다. 이러한 점이 외세의 침입에 시달리면서도 애써 단일 민족임을 강조하여 왔던 우리의 처지와 비슷하기 때문이 아닐까? 심지어 음주가무를 즐기는 점까지도 (여행문화, 2019. 7.).

그 시절
돌이킬 수 없다 해도

만 25세의 열혈청년으로 영국에서 유학생활을 시작한 필자는 정말 많은 곳을 돌아다녔다. 영국 여행기는 두고두고 많은 이야기가 나오겠지만 그중에서도 필자가 제일 좋아하여 가장 먼저 찾아 가보았던 곳을 여기에 소개하고자 한다. Lake District!

맨체스터를 모르는 한국 사람은 없을 것이다. 맨체스터 유나이티드(Man Utd)라는 영국 프리미어 리그의 팀은 박지성 선수가 활동하기 이전부터 한국에서 오랫동안 사랑을 받아왔다. 이유는 잘 모르겠지만 … 한국 사람들이 맨체스터는 잘 몰라도 맨유라 불리는 축구팀은 잘 아는 것 같다. 그저 맨체스터는 맨유의 본거지 정도로 생각하는 듯 보인다. 사실 맨체스터는 증기기관을 이용한 방직 산업과 맨체스터-리버풀 간 세계 최초의 철도 개통(1830년대 스티븐슨의 증기기관차)으로 세계 최초의 산업도시가 되었다. 한마디로 증기기관이 촉발한 산업혁명의 발상지이다.

1989년 8월 초 필자는 영국에서의 박사과정을 위해 개트위크(Gatwick) 공항에 도착하였다. 당시에는 런던 직항이 개설된 지

얼마 되지 않은 시점이어서 그랬는지 런던 시내에서 가까운 히드로(Heathrow) 공항으로 바로 진입하지 못해 기차를 타고 가야 하는 외곽 공항에 도착한 것이다. 당시는 출발도 김포공항이었으며 그 직항편이라는 것도 아직 러시아를 지나지 못해서 알래스카에서 잠시 쉬었다가 북극을 통과하는 경로였다. 마침 도착하는 날에 지하철 파업이 있어서 우여곡절 끝에 기숙사에 도착하였다. 당시 필자가 수학하였던 대학에서 영국문화원의 장학금으로 생화학 분야의 박사 과정 중이었던 신명교 박사님께서 공항에 친히 픽업을 와주셔서 정착하는 데 많은 도움을 주셨다. 지금은 고인이 되신 신명교 박사님께 다시 한번 감사의 말씀을 드린다.

마침 필자가 도착한 즈음에 맨체스터에서 '89 재영국 한인과학자협의회'가 열릴 예정이었다. 필자가 런던에 도착하여서 아무것도 모르고 어리바리한 시점에 신명교 박사님은 이 회의를 위하여 맨체스터에 갈 예정이라며 동행을 제안하셨다. 회의 이후에 컴브리아(Cumbria) 지역의 Lake District National Park도 갈 예정이라고 …. 이 좋은 기회를 놓칠 수는 없었다. 도착한 지 일주일도 되지 않아 영국에서의 첫 여행이 시작된 것이다.

영국 유학 시절 하이드 파크에서

가운데 파란 점퍼를 입은 분이 신명교 박사님

1989년 8월 재영국 한인과학자협회의가 열렸던 맨체스터 대학교

컴브리아는 잉글랜드에 위치한 주로 북쪽으로는 스코틀랜드, 서쪽으로는 아일랜드해, 남쪽으로는 랭커셔주와 접하고 있다. 이곳에는 영국에서 가장 아름답다고 하는 Lake District가 위치하고 있다. 호수를 중심으로 크고 작은 마을이 10여 곳 있으며, 그중 관문 노릇을 하는 곳이 유일하게 기차가 닿는 윈드미어(Windmere) 마을이다. 예로부터 수많은 문학가와 화가들이 이곳의 호수와 사랑에 빠졌다고 한다. 그 신비롭고 아름다운 풍광을 글과 그림으로 남긴 예술가들도 헤아릴 수조차 없을 정도이다.

그중에서도 작가의 창작력을 북돋워주는 자연의 혜택이 가득한 이곳에 가장 알맞은 작품을 내놓은 작가가 있다. 바로 어린이를 위한 동화, 자라나는 아이들의 정서를 풍부하게 해주는 『피터 래빗과 친구들』을 펴낸 베아트릭스 포터(Beatrix Potter, 1866~1943)다. 또한 영국의 대표적인 낭만주의 시인이자 계관시인(Laureate)인 윌리엄 워즈워드(William Wordsworth, 1770~1850)와

아름다운 윈드미어 호수와 View Point의 필자

관련하여 유명한 곳이기도 하다. 바로 이곳 Lake District가 윌리엄 워즈워드의 낭만주의문학을 꽃피게 한 요람이다.

Splendor in the grass(초원의 빛)
by William Wordsworth(윌리엄 워즈워드)

What though the radiance which was once so bright
(한때는 그리도 찬란한 빛이었건만)
Be now for ever taken from my sight
(이제는 속절없이 사라진)
Though nothing can bring back the hour
(다시는 돌아올 수 없는)
Of splendor in the grass, of glory in the flower
(초원의 빛이여, 꽃의 영광이여)
....

영화 'Splendor In The Grass'. 나탈리 우드, 워렌 비티 주연, 엘리아 카잔 감독의 1961년 작. 영화 제목인 '초원의 빛'은 윌리엄 워즈워드 시의 한 구절을 인용한 것으로, 영화 내에서도 직접 인용되어 더욱 유명해졌다. 무미건조하였던 사춘기 시절의 필자를 감동시킨 영화 중의 하나이다. 어느덧 세월은 흘러 아침에 컴퓨

터 창을 띄우면 시니어보험을 광고하는 이메일로 도배되는 나이
가 되었다. 그 시절을 회상하며 '초원의 빛'을 찾아내어 전문을
다시 한번 읽어본다. 그대 아직도 가슴이 뛰는지 ….

워즈워드의 집(Wordsworth House)

내 생애 최고의 시절:
런던 유학 생활

사람들은 한번쯤 인생을 돌아보면서 자신의 미래를 결정짓거나 변경시켰던 가장 중요한 사건이 무엇인가를 생각할 때가 있을 것이다. 필자도 근래 들어 어떤 특별한 계기로 지금까지 살아온 삶을 되돌아보게 되었다. 또 앞으로 무엇을 위해서 어떻게 살아가야 할지를 깊이 생각하게 되었다. 마침 이 시점에서 석사 지도교수님께서 연구실에 관련된 과거를 회상할 기회를 주셨기에 이 글을 쓰게 되었다.

나의 경우 인생을 크게 3등분 하면(75세까지 활동적으로 일을 한다는 전제하에) 처음 25년간은 무엇이 될 것인가를 준비하는 시기였던 것 같다. 대부분 공부를 하는 시기로 장차 남은 2/3를 살아갈 기본적인 소양을 갖추고 인격을 형성하였던 시기였던 것 같다. 두 번째의 25년은 자신의 그릇을 완성해 가면서 자아실현과 만족을 이루어가는 시기였던 것 같다. 그 대부분은 영국 유학 시절과 대학교에서 교수로 강의하며 연구하던 시절이었던 것 같다. 그리고 지금(2015년)은 마지막 1/3을 어떻게 살아가야 할지를 고민하는 시기로 남은 25년에 대한 계획을 세우는 시기인 것이다. 우연한 기회로 새로운 환경을 만나 안목이 더욱 넓어지며, 지금까지 내 좁은 울타리 안에서 기쁨과 만족을 추구하던 삶에서 이제는 나보다 덜 가지고 기회를 가지지 못했던 사람들을 위한 삶을 살아야 한다는 결심을 하게 되었다. 지금까지 엄청난 기득권을 누리며 받기만 하던 삶에서 이제는 나보다 부족한 사람을 긍휼히 여기며, 내가 가진 것을 함께 나누는 삶을 살기로 한 것이다. 그 시점에서 나의 삶을 결정지어준 25년 전의 유학 시절을 되돌아보고자 한다.

여행이나 유학 등으로 외국에 살아보는 것의 장점은 바로 새로운 세계에 대한 안목을 넓히게 되는 것이리라. 독서를 통해서 많은 간접 경험을 한다면 여행을 통해서는 직접 몸으로 부대끼며 많은 것을 배우게 된다. 특히 몇 년이라는 긴 기간을 외국에서 생활하게 된다면 직접 체험하는 것이 더더욱 많을 것이다. 그것도 가족이 없는 싱글이라면 그 삶은 더욱 도전적으로 호기심(curiosity, 필자가 제일 좋아하는 단어)을 채워나가는 즐거운 나날의 연속이리라. 이 글에서는 필자가 유학 시절의 유쾌한 직간접 경험을 통하여 어떻게 안목이 넓혀지게 되었는지를 써보려고 한다. 특별히 나와 영국유학 시절을 공유한 몇몇 분들의 실수담도 있으니 이분들에게 미리 양해를 구한다.

유학 시절을 보낸 Imperial College London의 RSM 빌딩

무엇보다도 영국에서의 첫 경험은 바로 '영어'의 벽이 아닐까? 80년대 후반만 해도 미국식 영어가 판을 치는 중이라 영국식 발음(Queen's English)은 들어보기도 힘들었다. 당시에 처음으로 IELTS(그 당시는 ELTS)라는 시험이 영국문화원에서 시행이 되었다. 그렇게 낯설기만 한 영국식 영어와 친숙해지기까지는 영국에서의 많은 에피소드가 있었다. 런던에 도착한 후배가 전자제품 관련 부품을 사러 시내에 갔는데, 컴퓨터 칩을 이렇게 여러

가게에서 많이 파는가 하고 놀랐다고 한다. 알고 보니 칩이란 말은 컴퓨터 칩이 아닌 'Fish and chips'의 칩, 즉 감자튀김이어서 민망했다고 한다. 또 다른 후배는 화장실에 갔더니 비어 있기는 한데 못 들어가게 표시가 되어 있어 한참을 기다렸다고 한다. 그 이유가 영국 화장실은 사용 중은 'occupied'로 비었음은 'vacant'로 표시되어 있는데 vacant의 표시가 조금 밀려서 cant만 보였기 때문에 'can not'의 준말, 즉 들어가지 말라는 줄 알아서였다고 했다. 또 다른 후배는 역시 영국은 선진국이다 보니 도시나 시골할 것 없이 화장실이 참 많다고 했는데 이 역시 오해에 의한 말이었다. 어디를 가도 'Toilet'이라고 써 있다고. 사실 그것은 집을 내놓았다는 'To Let'이라는 팻말을 보고 'i'가 빠진 것이라고 혼자넘겨짚고서 한 말이었다. 이 이외에도 그냥 웃어넘기기에는 약간은 씁쓸한 에피소드를 통해 우리의 Queen's English에 대한 안목은 넓혀져만 갔다.

두 번째는 대인관계에서 사람을 대하는 태도의 차이를 알게된 경험이다. 유학 이전에 한국에서는 대인관계가 다소 경직된채 서로의 인간적인 교류가 많이 제한되어 있었다. 그러나 그곳에서는 지도교수와 학생들이 학문적으로나 개인적인 일들에 대해 거리낌 없이 친근하게 이야기를 나누는 것이었다. 모두가 나이나 성별, 직업에 관계없이 서로를 각자 하나의 인격체로 대하는 것을 보면서 이것이 오랜 전통에서 나오는 성숙된 시민의식

1989년 크리스마스이브에 외로운 유학생인 필자를 집으로 초대해준 단란한 영국 가정. 멜빵을 메신 분은 한국전쟁 참전 용사이다.

1991년 9월 영국 유학 시절 참석한 제2회 ISEG 국제학회(스웨덴 웁살라 대학교)에서 지도교수님 부부와 함께

이 아닌가 하는 것을 느꼈다. 특히 여성에 대한 배려와 동료의식을 알게 되어 남녀평등에 대한 안목이 넓어졌다고나 할까? 여성도 반드시 자신의 일을 가지고 가정에서나 사회적으로도 이를 존중받아야 한다는 것을 알게 되었다. 부부가 같이 일을 한다면 당연히 가사도 반반씩 나누어야 한다는 당연한 진리를 유학 시절에 배워 지금도 실천하기 위해 부단히 노력 중이다.

세 번째로는 세계는 넓고 할 일은 많은데, 우리는 그동안 우물 안의 개구리처럼 눈앞에 보이는 좁은 세계에 갇혀서 살아왔다는 것에 대한 절실한 깨달음이다. 지금과 같은 글로벌 무한경쟁시대가 올 것을 미리 대비할 수 있도록 이렇게 많은 나라에서 이렇게 다양한 일들이 벌어지고 있다는 것을 알게 되었다. 그것이 사업을 하는 사람들에게는 물건을 팔 수 있는 시장이었던 것이요, 나와 같은 환경지구화학자에게는 너무나 많은 곳에서 먹는 물을 포함한 환경문제로 고통받고 있는 사람이 도움의 손길을 기다리고 있었다는 것이다. 이를 해결하는 데 기여해야 한다는 것이 나의 소명이라는 것도 차츰 알게 되었다. 사실 이전의 필자는 다소 개인주의자적 성향이 강했던 것 같은데, 이러한 경험을 통해서 나 아닌 다른 사람을 도울 수 있는 마음이 조금씩 커져가는 것을 깨닫게 된 것이다. 동남아시아의 메콩강 유역에 비소 오염이라는 것이 심각해 이로 인한 식수 오염문제를 해결하는 데 기여해야 한다는 것, 코소보 지역 폐광미 더미에서 나오는 납이 수많은 집시 난민들, 특히 어린 아이들에게 피해를 끼쳐 그들의 지능 발

몽골의 에르데넷 광산

달에 악영향을 준다는 것, 몽골에서 현재 가행중인 '에르데넷'이라는 광산주변 지역의 생태계 오염이 심각할 수 있다는 것 등을 알게 되어 환경지구화학자로서 배운 학문을 통해 기여할 방법도 많다는 것에 감사한다. 이 모든 것이 대학원생활을 통해 갖추어진 지식과 안목의 확대에서 기인한 것이리라.

네 번째는 음식에 대한 이해를 넓히게 되어 어느 곳의 어떤 음식도 먹을 수 있는 무모함과 인내심을 갖게 되었다는 것이다. 원래 영국 사람들은 어떤 음식이든지 잘 먹는다. 그 이유는 영국 음식이 워낙 맛이 없어서이고. 사실 영국 음식이라고 부를 만한 것이 별로 없는 형편이다. Roast beef and Yorkshire pudding 정도? 그래서인지 영국 사람들은 전 세계 음식들을 다 잘 받아들이고 좋아할 수밖에 없다. 아마도 런던에는 전 세계 모든 나라의 음식을 맛볼 수 있는 다양한 레스토랑이 있다고 해도 과언이 아니다. 그런 덕분인지 영국 사람들은 음식뿐 아니라 새로운 문화에도 무척 개방적이다. 케밥, 커리, 타코, 쌀국수, 똠양꿍, 나시고랭, 페이킹 덕 등등. 그 당시 주머니가 가벼운 우리들은 감히 비싼 한국 음식은 꿈도 꾸지 못하였고 소호라 불리는 차이나타운의 '원케'라는 값이 저렴한 광동식 중국집을 자주 갔다. 그때 먹던 Hot & Sour Soup(우리나라에서는 요즘 중국어 발음을 흉내 내어 쏼라탕이라 부르던데)과 Beef Ho Fun 등. 그때 함께 유학하던 배고픈 한국 총각들은 무례한 중국인 웨이터들과의 신경전 속에서도 꿋꿋이 음식을 먹고 부대끼면서 미래의 중국 시장 개척을 꿈꾸며 참았었다. 필자는 요즘도 런던에 가게 되면 꼭 이곳 소호의 '원케'에 들러 유학 시절을 회상한다. 그 당시 중국 음식을 너무 먹어서인지 자꾸 얼굴이 중국 사람처럼 변해가는 것 같기도 하다. 그러나 그 덕분인지 요즈음도 세계 어느 구석구석을 가도 못 먹는 음식 없이 잘 버틸 수 있는 열린 마음과 무모한 입맛을 가지게 된 것 같다.

마지막으로는 이전까지는 문화와는 거리가 멀던 필자가 런던에서의 3년 반 동안 문화에 많이 노출되어 영향을 받으면서 문화를 사랑하는 사람이 되었다는 것이다. 이전에 문화생활이라고는 극장에서 영화 '아마데우스'를 보던 것과 매일 아침 9시에 KBS1 라디오에서 나오는 클래식 방송 '가정 음악'을 흘려듣던 것이 고작이었던 필자가 그 시절에는 도시 곳곳에서 벌어지는 예술의 향연에 빠져 지냈던 것이다. 그중에서도 특히 클래식 음악에 빠져 매해 여름, 공부하던 학교 앞 알버트 홀에서 열리는 '프롬스(BBC Proms)'라는 두 달 동안의 음악제에도 자주 가게 되었다. 배낭여행을 오는 사람들을 꼭 템즈강의 워털루 다리를 건너 사우스 뱅크에 위치한 Royal Festival Hall의 음악회에 데리고 갔고, 그 전통은 모교의 이희근 교수님께서 출장 차 오셨을 때도 이어졌다. 또한 학교 바로 옆에 있는 Royal College of Music에서 열리는 여러 음악회에도 가게 되었으며, West End에서 공연 중

매해 여름 두 달 동안의 클래식 음악제 '프롬스(BBC Proms)'가 열리는 로얄 알버트 홀(Royal Albert Hall)

Royal Festival Hall의 연주 무대

뮤지컬 '캣츠'공연을 관람한 후에

인 '오페라의 유령', '캣츠', '미스 싸이공' 등 많은 뮤지컬들을 보게 되었다. 특히 전효택 교수님께서 오셔서 '레미제라블' 공연을 보여주셨는데 그것은 감동의 최고 하이라이트로 남아 있다. 유학 시절 영국 어디를 가든지 그들이 가진 문화유산에 부러움을 느꼈고 최대한 향유하려고 했던 경험 덕분에 지금도 가족들과 함께 예술을 향유하면서 행복하게 살고 있다.

인간은 누구나 처음에는 하얀 종이와 같은 인생을 부여받고 각자 살아가면서 지니게 되는 여러 가지 경험으로 빈 종이를 채워가면서 미래의 삶의 방향을 결정하는 것이리라. 그 경험을 통해 안목이 넓혀지면서 가치 판단의 기준이 생기고 각자의 사고의 창을 통해 바깥세상을 바라본다. 그리하여 자신이 이끌고자 하는 방향으로 삶을 살 것이고 언젠가는 그 지내온 삶에 대한 평가를 받게 될 것이다. 이러한 의미에서 25년 전 나의 영국 유학 생활은 지금의 나를 있게 한 매우 중요한 시간이라 할 수 있다. 앞으로의 25년을 가치 있게 살려면 지금 무슨 준비를 하여야 할까? 요즈음의 시간들은 필자에게는 분명히 고민의 시간이기도 하지만, 앞으로 펼쳐질 무한한 새로운 세계에 대한 기대감으로 벅찬 시간이기도 하다(전효택 교수의 산문집 『아쉬운 순간들 고마운 사람들』에 실린 글, 2016.).

시간을 거꾸로 돌려:
동료 연구자들과 함께 한 추억

이종운(전남대학교 교수)

　필자는 이동하는 것을 그리 좋아하는 성격이 아닌데다, 사진을 찍거나 찍히는 것도 썩 반기는 편이 아니다. 포즈 취하는 것이 영 귀찮아 아내와의 나들이에는 늘 작은 실랑이가 수반된다. 정형화된 또는 진부한 자연을 보고 마음이 움직이기에는 성격이 건조한 걸까. 차고 넘치는 유튜브 영상 중 하나를 터치하면 비록 2D이지만 유명하다고 널리 알려진 명소의 생생한 동영상을 볼 수 있다. 외국에 나가면 도리어 허름하고 오래된 것들−좁은 골목길, 지친 세월의 두께가 내려앉은 작은 집, 급한 소식을 전하려 내달리던 마차의 무게를 고스란히 감내했을 거친 포석 따위에 마음이 가는 편이다. 수백 년 전 베네치아의 가죽공방에서 욕설을 견디며 허드렛일을 하던 열한 살짜리 소년 마르코가 어지러운 머리를 잠시 기대었을 돌담을 가만히 짚어보는 것이 좋다.

　사정이 이렇다 보니 김경웅 교수에게 원고를 의뢰받고 예전에 해외 출장길에 찍은 사진이 있나 하며 컴퓨터 속 파일을 하염없이 뒤적여봤으나 역시 종적을 찾을 길이 없다. 내가 해외에 나갈 용무는 대부분 학회 참석인데, 컴퓨터에 보관된 사진 파일들은 남이 발표한 슬라이드 내용을 찍은 것밖에 없는 까닭이다. 사진을 찍을 때는 한국에 돌아가면 다시 천천히 살펴볼 마음이었음에 틀림없지만, 유감스럽게도 귀국 후 이들을 다시 꺼내본 기억이 없다. 다시 볼 것도 아니면서 뭘 그리 열심히 찍었는지 …. 중요한 정보라고 생각되면 일단 모아놓는 학자들의 속성이 마치 도토리를 여기저기 보관하고 나중에 어디에 두었는지 잊는 다람쥐와 다름없다는 생각에 고소를 금치 못한다.

명승지를 찾아다니는 여행은 아니었고, 대부분 3~4일간 숙소와 학회 장소만 왕복한 것이 전부였지만, 그래도 이리저리 컴퓨터 폴더를 열어 보니 20년간 동서양을 망라하여 해외 출장을 제법 다녀왔음을 알았다. 그리고 아시아, 특히 일본은 김경웅 교수와 함께 다녀온 경우가 꽤 있었음을 새삼 발견했다. 전공이 같은 데다 김 교수의 성격이 워낙 무던해 일 년 선배임에도 불구하고 까다로운 후배의 기분을 잘 맞춰주고, 해외여행 경험이 많아 가이드 역할을 잘 해주었기 때문이리라. 간혹 필자가 피곤할 때는 그 넘치는 에너지로 새로운 것을 해보려는 시도에 때로는 귀찮을 때도 있었지만, 동서양의 남녀노소를 막론하고 쉽게 호감을 사는 타고난 능력 덕분에 옆에 가만히 있는 나도 꽤 편리를 보았음은 감사한 일이다.

아오모리

2003년 9월에 일본 아오모리 오이라세에서 열린 학회에 김 교수와 함께 참석한 것이 첫 일본 여행이었던 것 같다. 필자에게 첫인상이 제법 인상적이었던 여행지는 이탈리아 피렌체와 더불어 아오모리가 유일하다. 무엇이든지 첫인상이 중요하지 않을까. 아마 도쿄나 오사카 같은 대도시가 목적지였다면 그리 선명한 인상은 받지 못했을지도 모르나, 처음 간 곳이 혼슈 북단의 한적하고 깨끗한 시골이었으며, 체류 기간 동안 몸과 마음이 씻기는 경험을 하였다는 것이 그 후에도 일본에 갈 일이 생기면 기꺼운 마음으로 여정을 짜게 만든 이유일 것이다. 그 후에도 찌는 듯한 더위, 먼 거리를 걷게 만드는 교통, 검은 정장을 목까지 채워 입어보는 사람까지도 숨 막히게 만드는 젊은 직장인들이 거리를 가득 메운 한 여름의 짜증나는 도쿄 시내에서도 "일본에는 아오모리가 있으니까 …"라고 하였던 것 같다.

공항에서 버스를 이용해 오이라세로 이동하는 중에 느낀 첫인상은 담배꽁초 하나 찾아볼 수 없을 정도로 깨끗한 거리 주변에 개성을 살린 주택들이 잘 정돈된 것이었다. 지금은 우리나라도 선진국 대열에 낄 정도로 발전하여 시골의 한적한 국도까지도

깨끗하게 잘 정비가 되었으나, 아마도 우리나라의 이런 발전의
전후를 직접 체감한 필자 나이대의 사람들은 20년 전 일본에 갔
을 때 같은 인상을 받았으리라 생각한다. 아오모리의 울창한 푸
른 숲은 그린이 아니라 인디고에 가까웠고(오죽하면 아오모리
(靑森)일까), 가만히 누워 있으면 조용한 대기에 졸졸 물 흐르는
소리만 들려 바깥 좁은 오솔길을 삿갓을 뒤집어쓰고 걸어가는
마쓰오 바쇼가 조용히 읊어대는 하이쿠가 들리는 것 같았다. 학
회를 주관하신 분들은 전 도호쿠 대학 노교수 내외분이었는데,

아오모리 학회에서 만난 미국인 동료. 키가 190cm이 훌쩍 넘는 큰 친구이다. 뒤로 마츠리 행사
가 보인다. 왼편의 줄무늬 옷을 입고 뭔가 들여다보고 있는 남성이 김경웅 교수이다.

그 분들이 전 세계에서 몰려온 참가자들을 위해 특별히 마련한 마츠리도 장관이었다. 학회를 주관한 사모님의 직계 조상들이 메이지유신 이후 일본 정재계의 거물이라 그들이 살던 대저택이 문화유산으로 남아 있어 둘러보게 되었다. 유리창 하나에 수백만 원이라는 설명에 다른 외국인들은 감탄했으나, 식민지 국민의 치욕이 DNA에 전해져 오는 필자로서는 다소 떨떠름했던 기억이 난다. 또한 캐나다에서 같이 박사 후 연구를 했던 미국인 친구를 그곳에서 우연히 다시 만나 반가웠던 경험 역시 잊을 수 없다.

미야자키

큐슈의 미야자키에서 열린 학회에도 김 교수와 함께 두 번 참가했는데 이때도 매우 좋은 인상을 받았다. 이때는 현지 대학의 교수들을 비롯한 일본인들을 많이 만났는데 그들의 친절함이 기억에 남는다. 아무래도 도쿄 같은 대도시의 이미지는 깍쟁이 같다는 인상을 피할 길이 없다. 필자도 서울에서 나고 자랐지만 지방 도시에서 20여 년 살다 보니 어쩌다 서울 도심에 갈 일이 있으면 다들 바쁘고 급한 걸음에 내가 치여 죽는 것이 아닌가 하는 생각이 들 때도 있다. 아마 일본도 마찬가지 아닐까 한다. 김 교수는 일본 문부성의 초청 연구원으로 미야자키에서 몇 개월간

체류한 적이 있다고 하는데, 그동안 얼마나 많이 다니고 사람들을 사귀었는지 관광객들은 잘 모르는 음식점이나 맥주집도 안내하는 등 꽤 재미있는 경험을 하게 해줬다. 그곳 교수들과 식사하고 술도 마시고 대화하는 기회도 많았는데 모두들 유쾌하고 친절했던 기억이 난다. 김 교수가 안내한 맥줏집 사장은 젊은 친구였는데 얼마나 음담패설을 재미있게 잘 하고 우리를 크게 웃게 했는지, 그때까지 고정관념처럼 남아 있던 공손하고 모범적인 일본인이라는 인상을 지우기에 충분했다. 술에 취해 처음 만나는 사람들과 어깨를 걸고 같이 불콰해진 얼굴로 크게 떠들던 기억도 새롭다. 미야자키 역시 다시 가고 싶은 곳이다.

미야자키의 한 작은 음식점에서 주인과 김경웅 교수. 주인의 파안대소가 보는 이를 즐겁게 한다.

본심과 겉으로 드러나는 행동이라는 일본인 특유의 '혼네(本音)'와 '다테마에(建前)'를 떠나 언제나 외부인에게 친절한 일본인들이지만, 지금도 궁금한 것이 하나 있다. 어디인가 기억은 잘 안 나는데, 학회가 끝나고 시내 한 호텔에서 수백 명의 참가자들이 모두 모여 식사를 하고 있었다. 필자가 자리하던 넓은 테이블은 얼핏 보아 무슨 국립연구소 사람들이 자리를 잡고 있었고, 외부인은 필자뿐이었다. 그중 가장 연장자 또는 직급이 높아 보이는 사람이(그래봤자 필자 또래거나 어려 보였는데), 외로워 보이는 필자에게 술 한 잔 준다고 큰 소리로 "오~이~"라고 부르는 것이다. 필자는 교양을 갖춘 식자로서 당연히 예의 있게 받긴 했는데, 지금도 의문인 것이 그 '오~이~'라는 호칭의 정체이다. 이 부름은 우리말로

학회 중 잠시 짬을 내어 오래된 도시 교토 시내의 강 위에서 김경웅 교수와 서로 찍어준 사진 (2019년 9월)

번역하자면 '여보세요'나 '저기요'인가, 아니면 '야~'이거나 '어이~'일까. 이건 호의로 받아야 하는 건가, 모욕으로 받아야 하는 건가. 어쨌든 어감이 그리 썩 좋지는 않았던 기억이 나지만, '그래, 내가 자네보다는 워낙 젊어 보이지' 하고 혼자 위로했던 것 같다.

요즘은 정치적으로 한국인들이 놀라울 정도로 일본에 무관심해지고 온갖 비난을 포함한 관심이 중국으로 돌려지는 듯하다. 아베 정부 이후의 코로나 대응, 혐한 유도, 아날로그식 행정 등에 대한 기사가 언론에 오르내리고, 부쩍 많아진 국뽕 유튜브로 인해 일본을 아예 무시하는 경향이 있는 것 같다. 얼마 전에는 일본경제신문 니혼게이자이(日本経済新聞)에 "일본이 후진국으로 전락했다"라는 기사까지 실렸다. 사실 필자도 국내에서는 지갑에 현금이 없어도 신용카드 한 장으로 불편 없이 생활할 수 있는데, 일본에서는 식당이나 숙박시설, 심지어는 학회 등록비까지 신용카드가 통용되지 않아 당혹스러웠던 기억이 많다.

필자 나름대로 조심스레 생각해보면, 일본의 유일한 약점은 국가를 비롯한 조직에 대한 무조건적이고 맹목적인 복종이 미덕으로 오랜 시간 유지되는 것이라고 본다. 대통령까지 탄핵하는 우리나라를 보고 혐한들은 비웃었다는 기사를 본 적이 있는데, 일본인들이 흠모해 마지않는 프랑스도 혁명으로 왕과 왕비를 단두대로 보내고 민주주의의 시작을 알린 나라가 아니던가. 그러고 보니 일본에 힘없고 가난한 국민들의 저항이 들불처럼 일어난 역사가 있었는지 갑자기 궁금해진다. '나라의 발전이 나의 발전의 근본'이든가, 아니면 '국가는 국민을 위해 존재'하는가.

일본은 절대 우리가 무시할 수 없는 저력이 있는 나라임은 틀림없다. 조선에서 천대받던 이삼평이 전쟁으로 끌려간 후 도자기의 신으로 추앙받는 나라가 일본이다. 과연 이삼평이 먼 수평선을 바라보며 두고 온 고향산천을 그리워하며 눈물지었을까? 국가의 부, 우수한 국민, 유구한 문화, 발전된 기술은 여전히 국

(필자의 글) 이종운 교수와는 연구 분야가 비슷하여서 참 많이도 같이 다닌 것 같다. 사진 한 장을 추가한다. 2016년 11월 대만 타이페이의 국제학회에서 필자(좌)와 이종운 교수(우)

제사회에서 일본의 영향력을 크게 만든다. 가깝고 깨끗하며 안전하고 친절한 일본 여행은 아직 좋은 기억으로 남아 있으며, 코로나가 끝나고 여행이 자유로워지면 언젠가 다시 가볼 날이 있으리라 기대한다.

정영욱(한국지질자원연구원 책임연구원)

김경웅 교수가 몇 주 전 그와 함께한 추억을 글로 써달라고 요청했다. 글재주가 없는 나로서는 글쓰기가 쉽지 않은 일이나 그의 글쓰기 열정에 그만 응할 수밖에 없었다. 그와 함께한 에피소드를 회고한다.

주식 관련 도서에 따르면 "주식 투자는 우량주, 가치주, 성장주를 사서 오래 보유하면 좋은 성과를 낼 수 있다"라고 한다. 나는 약 35년 전에 김 교수를 만났고 각자 나름의 꿈과 희망을 가지고 살아왔을 것이다. 대학원 시절의 청년 김 교수는 마치 성장성 있는 우량주가 아니었나 싶다. 왜냐하면 그는 전공자가 적었던 환경 분야를 장래성 있는 학문 분야로 판단하고 국비로 영국 유학을 떠나 짧지 않은 시간 동안 연구에 몰입하면서 마침내 국내외적으로 유수의 학자가 되었기 때문이다. 누구보다 앞서 향후 전망 있을 학문 분야를 선택한 혜안이 있었고 귀국 후 대학에

서 우리나라의 환경 분야의 발전에 큰 역할을 했다는 점에서 가
치주임에 틀림이 없다.

대학원 시절

필자가 서울대학교 대학원생이었을 때 김 교수는 학부 4학년
생으로 대학원생 방을 출입하면서 만남이 시작된 것 같다. 이후
같은 지도교수님 밑에서 대학원 생활을 하면서 본격적인 인연이
시작되었다. 강원도 태백 및 상동 지역을 방문하여 담당 교수님
의 야외 현장 조사를 도와 드리면서 험한 산지를 누볐다. 그 당
시 김 교수와 함께 찍은 사진을 보니 젊은 청년들이다. 지금은
우리 모두 나잇살에 와인을 좋아하는지라 표준 허리둘레를 초과
한 배둘레햄의 몸매로 변했지만 말이다. 대학원 시절 우리는 오
후 6시쯤 되면 지도교수님 퇴근 시간을 살피면서 봉천동, 신림
동, 노량진 수산시장 부근에서 소주를 마시고 헤어지곤 했다.

나의 신혼 1년차 즈음이다. 학교 인근에서 1차로 회식을 하고
신혼집으로 후배들을 초대했다. 우리 집 인근에서 2차에 필요한
술을 찾던 중 문이 열려 있는 어느 주점으로 누군가 술을 사러
들어갔으나 주인이 없어서였는지 마침 선반에 놓였던 과일주가
담긴 술 단지를 슬쩍 들고 나왔다. 그 술을 유쾌하게 마시고 다

들 돌아가려는 때, 길 위에 바나나 껍질이 있었고 그 술 단지를 슬쩍했던 친구가 밟고 넘어져 셀프 보복을 당한 일이 있었다. 그 당시에도 역시 김 교수는 거기에 함께 있었다. 또 다른 에피소드 한 가지, 어느 저녁 교수님과 대학원생 대부분이 비싼 소고기집에 모여 회식을 했다. 당시 막내였던 김 교수는 회비를 걷고 여기저기 불려가서 술을 받아 마셔야만 했다. 회식이 종료될 무렵

1990년대 후반 강원도 상동지역에서 김 교수와 필자

그는 회식비를 지불해야 하는데, 술에 취한 총무가 거의 주무시는 수준으로 졸고 있어서 누군가가 그의 호주머니 속의 돈을 찾아내어야만 했다. 막내이자 일 잘한다고 그에게 많은 술잔을 권하였던 것이 화근이었다. 김 교수는 특유의 친화력과 부지런함으로 대학원에서 없어서는 안 될 분위기 메이커였다.

런던에서

1993년 영국의 임페리얼 칼리지 환경지구화학 그룹에서 박사 후 연구원으로 1년을 체류했다. 당시 김 교수는 같은 그룹에서 수년 전부터 유학 생활을 하고 있었고 박사 학위 논문을 마무리하는 단계였다. 3년간의 국비 유학 지원이 끝나가는 시기였으므로 하루라도 빨리 박사 논문을 마치고자 했다. 영국 입국 첫날은 아직도 기억이 생생하다. 영어가 능숙하지 못한 채로 영국 히드로 공항에 도착 후 입국 심사를 받을 때다. 긴 대기줄에 서 있었는데 당시 3살이었던 아들 덕분에 맨 앞줄로 인도되어 우선 심사를 받았으나 영어 소통 문제로 가장 늦게 입국절차를 마칠 수 있었다. 출국장을 나서니 이미 임페리얼 칼리지에서 박사 과정에 있던 후배들이 차를 준비해놓고 기다리고 있으면서 우리의 이민 가방을 쑤셔 넣고 낯선 숙소로 라이드해주었다. 김 교수도 합류하여 런던의 첫날을 축하해주었다. 은행 계좌 개설, 집 렌트,

교수와의 미팅, 실험실에서 작업하면서 언어 소통의 어려움을 겪으면서 영어를 잘하는 김 교수가 무척 부러웠다. 영어를 잘하려면 또박 또박 발음을 하고 담배를 살 때 'Cigarette' 대신 'Cigarette please' 하라고 조언했다. 담배를 피울 때 침을 뱉지 말라는 핀잔도 주고는 했다. 몇 년 전까지도 농담처럼 나의 런던 출현으로 그의 학위논문이 1년은 늦어졌다고 나를 성토하곤 했다.

28년 전 런던 생활의 단편들

콜로라도 덴버에서

1997년도 콜로라도 덴버 인근 로키산맥 초입의 Vail Mountain Resort에서 지구화학 관련 국제 학술대회가 있었다. 사전에 콜로라도주 덴버에서 김 교수와 만나기로 약속을 하고 필자는 동료 연구원과 대전을 떠나 덴버에서 김 교수를 만났다. 김 교수는 Ford 사의 토러스 승용차를 렌트해놓고 본인 일정이 빌 때 학회장은 물론 Colorado School of Mines 그리고 관광지를 함께 방문할 때 기사로서의 수고를 아끼지 않았다. 당시 아반떼를 소유했던 나는 소위 2000cc 급 이상의 멋진 외제차를 처음 타보았기에

1997년 김 교수와 함께 참가한 콜로라도 베일의 학회 중에

요즘도 길가에서 토러스 브랜드를 보면 덴버와 김 교수가 생각난다. 그때 쇼핑몰도 처음 경험했다. 전자제품 매장인 'Best buy'에서 당시 최고급 브랜드인 소니의 CD 플레이어를 100달러 이하로 구입했다. 국내에서는 소니 제품은 20만 원 이상 지불해야 했으므로 횡재했다는 심정으로 구매해서 그 커다란 CD player 포장 상자를 들고 귀국했고 아직도 그 제품이 집에 있다. 나의 논문 발표는 학술대회 기간 중 중반에 배치되어 발표 전까지는 영어 발표에 대한 중압감으로 마음이 편치 않았다. 발표 당일 김 교수는 발표장 맨 앞에 착석하여 나의 긴장을 해소해주었고 덕분에 무사히 끝낼 수 있었다.

2009년도에 안식년으로 미국 웨스트버지니아주의 Morgantown에 1년 동안 체류하였다. 가족보다 한 달가량 먼저 입국해서 집을 계약했고 승용차도 구입했다. 가족들이 안착할 수 있도록 선발대 노릇을 한 것이다. 마침 김 교수는 뉴저지에서 안식년으로 1년 중 마지막 달을 보내고 있었다. 펜실베이니아의 어느 시골에 별장을 예약하고 나를 초대했다. 막 취득한 운전면허로 숙소와 웨스트버지니아 대학(WVU)만을 오고가던 때 주 경계를 넘어 장기간 운전해야 하는 여정에 용기를 내어 그곳으로 향했다. 기차역 인근의 길을 지날 때, 노란 스쿨버스가 앞에 정차했을 때, 경찰차가 뒤에서 따라올 때 등 내내 긴장하면서 운전했던 것 같다. 한국에서 가져간 구식의 단순한 내비게이션에 의지해 도착

West Virginia University 인근 저수지에서 송어 낚시를 하고 있는 나

한 곳은 한적한 시골이었다. 아담한 별장이 있었고 건물 앞에 너른 잔디밭과 하천이 있었다. 김 교수 내외가 반겨주었고 궁금했던 쌍둥이 자녀도 처음 만났다. 카약도 타고 모닥불을 피워 음식과 포도주를 마시며 취기를 즐겼다. 어둠이 내린 어느 시점에 엄청난 반딧불이가 은하수처럼 우리들 앞에 나타나 황홀했다. 황홀한 반딧불이 쇼와 취기로 분위기에 취해 한국에서 가져간 070 전화기로 아내와 통화하면서 허전함을 달랬던 기억이 있다.

40대의 어느 날 멜빵바지에 검은 머리를 뒤로 넘긴 알파치노의 헤어스타일을 한 그를 보고 연예인으로 활동해도 크게 성공할거라고 농담을 했다. 그는 런던에서 처음 본 우리 아들의 이름을 아직도 기억하고 있다. 그래서 그가 좋다. 순수했던 젊은 날에 인연이 맺어져서인지 오랜만에 만나도 그는 편하다. TV에서 음식 사업가 백종원 씨를 보면 김 교수가 생각난다. 와인을 사랑하고, 여행을 즐기고, 에세이를 쓰는 작가로서 그리고 후학을 가르치는 요즈음의 김 교수가 멋있다. 그에게 항상 건강이 함께 하기를 소망한다.

05

연구실에서

석탄 주로 쓰는 북한 주민… 비소중독 대책 필요
총탄과 납 가루가 춤추는 죽음의 지대로 …
작은 것이 아름답다
베트남에서 꽃피운 GIST 과학한류의 시작과 결실

석탄 주로 쓰는 북한 주민 …
비소중독 대책 필요

　중국에서의 학회 참석 후 며칠간 귀주지역 남서자치구의 지아올이라는 비소 오염 마을을 방문했다. 비소에 노출되어 고통을 겪고 있는 환자들 모습은 가히 충격적이었다.

　비소는 대표적 유독 물질로 고대로부터 극약으로 이용되었으며, 사극에서 왕족이나 조정신하를 죽이기 위해 임금이 내렸던 사약의 주성분이다. 비소는 급성 및 만성 중독에 의해 간, 신장, 피부 등에 암을 유발하는 물질로 많은 양을 먹었을 경우 한 시간 내에 급성 중독증상을 나타낸다. 오랫동안 만성적으로 중독이

지아올 지역 피부암 등의 증상을 보여주는 비소 중독 환자들

되었을 경우에는 피부가 검게 변하고 손과 발바닥이 딱딱해지고 피부흑색증, 피부암 등의 심각한 비소중독 증상을 나타낸다.

비소 오염은 반도체, 염료 생산과정의 폐수, 광산 및 제련활동, 제초제 살포 등 인위적 원인뿐 아니라 화산활동, 지열, 충적 대수층과 관련한 자연적 비소 오염도 전 세계적으로 광범위한 지역에서 나타나고 있다. 비소가 농축된 석탄층 위에 위치한 지아올 지역은 마을 주민 전체가 동네에서 채취한 석탄을 집 안에서 난방용으로 이용한다. 연소 시 발생하는 비소 가스를 흡입하

비소로 오염된 석탄을 채굴하는 광산과 이를 난방에 사용하는 가정집. 집 앞뜰에 비소로 오염된 탄들이 방치되어 있고 이러한 토양에서 자란 농작물에는 높은 함량의 비소가 존재한다.

여 비소 중독 증상을 보이는 것으로 보고되었다.

필자가 만난 샤오시앙진이라는 중환자는 거동조차 하지 못하고 침대에 누워 고통 속에 죽음을 기다리는 최악의 상태였다. 이 환자는 십수 년간 비소 오염지역에서 벽돌을 만드는 일에 종사했는데, 벽돌을 굽기 위해 계속 석탄을 사용해왔다. 석탄에 포함되어 있던 비소는 연소 시 발생하는 가스에 포함되어 환자의 신체에 축적돼 치명적인 피부암을 일으킨 것이다. 이러한 중금속 노출 환자는 카드뮴, 셀레늄 및 불소 등의 경우 전 세계적으로 많은 보고가 되고 있다. 그런데 중금속 중독은 그 지역주민들의 영양 상태에 많은 영향을 받고 있어 영양실조 상태의 환자에게서 증상이 우선적으로 나타나고 있다.

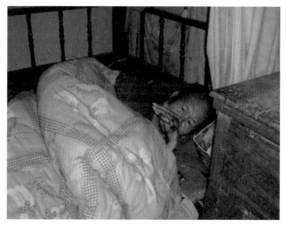

거동조차 하지 못하고 침대에 누워 고통 속에 죽음을 기다리는 중환자 샤오시앙진

현재 북한은 식량 부족으로 대부분의 주민들이 영양실조 상태에 있다. 게다가 석탄을 주 에너지원으로 사용하고 있다. 본인이 중국의 동료학자와 같이 검토한 자료에는 북한지역의 석탄에도 중금속원소가 부화되어 있음을 확인할 수 있었다. 특히 조사대상 50개의 석탄시료 중에는 비소가 약 190mg/kg까지 함유된 것도 있었다. 이러한 석탄은 중국 귀주 지역에서처럼 북한지역 가정에서 난방연료로 사용될 것이며, 특히 겨울철 통풍이 안 되는 상태에서의 연소는 치명적인 비소 오염 가스를 흡입하게 되는 결과를 초래할 것이다. 아울러 실내에서 건조시키는 여러 음식물에도 비소 축적이 일어날 수 있다.

　다행히 국제환경연구소를 포함하여 여러 국제적인 연구기관에서 이러한 주제에 대해 관심을 갖고 북한지역 환경오염에 대해 좀 더 구체적인 조사를 계획하고 있다. 늦었지만 이제라도 정부 차원에서 북한환경오염 문제에 대한 구체적인 조사계획과 대책마련을 강구해야 할 것이다(조선일보 독자칼럼, 2005. 4. 25.).

총탄과 납 가루가 춤추는
죽음의 지대로 …

박근태(동아사이언스 기자)

토양오염 전문가인 광주과학기술원 김경웅(환경공학과 교수) 국제환경연구소장은 지난해 세계보건기구(WHO)에서 색다른 제안을 받았다. 유럽의 분쟁지역인 코소보의 중금속 오염 실태를 조사해달라는 요청이었다. 잠시 망설임을 뒤로하고 김 소장은 2008년 1월 27일부터 2월 2일까지 전운이 감도는 현지를 다녀왔다. 그리고 이달 초 가장 오염이 심각한 코소보 북부 미트로비차 지역에서 가져온 토양 시료 분석을 끝냈다.

세계 최악의 납 오염지대

"무슨 일로 오셨습니까?"

"WHO에서 나왔습니다. 난민촌 환경을 조사하려고요."

1월 27일 김 소장이 코소보로 들어가는 길은 시작부터 긴장감이 맴돌았다. 미트로비차 지역으로 가는 마지막 관문. 헬멧을 눌러쓰고 손에는 자동소총을 든 병사가 다가와 김 소장이 탄 지프를 멈춰 세웠다. 방문지인 미트로비차는 복잡한 이해관계에 얽혀 있다. 세르비아 내 소수민족 알바니아인의 90%가 모여 사는 코소보에서 세르비아계가 다수를 차지하는 유일한 지역이기 때문이다. 코소보 독립을 두고 한때는 이웃사촌이었던 주민들이 수년째 둘로 갈려 갈등을 빚고 있다. 최근 이 지역은 최악의 납 오염에 몸살을 앓고 있다.

미트로비차 시내에 들어선 김 소장은 눈앞에 벌어진 상황에 깜짝 놀랐다. 야트막한 야산 높이의 중금속 가루 더미가 시내 곳곳에 무방비 상태로 노출되어 있던 것이다. 언제든 바람만 불면

김경웅 소장(가운데)을 포함한 WHO 조사팀이 코소보 북부 미트로비차 곳곳에 산더미처럼 쌓여 있는 중금속 가루를 살펴보고 있다.

날아갈 태세였다. "마스크를 써도 살랑살랑 불어오는 바람이 두려울 정도예요. 일단 바람이 불면 노천에 방치된 중금속 가루는 삽시간에 인근 지역으로 날아가죠." 1990년대 유고연방이 해체되기 전만 해도 이 지역은 대표적인 광산지대로 손꼽혔다. 그러나 연방 해체와 함께 관리가 소홀해지면서 중금속 가루가 노천에 그대로 방치된 것이다.

최대 피해자는 집시 아이들

납 오염의 최대 피해자는 이 지역에 거주하는 6천여 명의 집시다. '떠도는 사람들'로 불리는 집시의 거주 환경은 1960년대 한국의 판자촌 수준에 머물러 있었다. 특히 집시 아이들은 중금속 오염에 무방비로 노출되어 있었다. "그곳 아이들 중에는 유난히 또래보다 키가 작고 왜소한 아이가 많아요. 아이들이 갖고 노는 흙에 있는 납이 영향을 미친 겁니다."

중금속인 납에 노출된 아이들은 심각한 발육 장애를 겪는다. 코와 피부를 파고드는 납 성분은 영양 상태가 좋지 않은 노약자에게는 치명적이다. 김 소장은 아이들이 놀 만한 놀이터와 골목 구석구석에서 토양 샘플을 채취하기로 했다. 김 소장이 한 집시 난민촌에서 가져와 분석한 토양의 납 오염도는 WHO가 정한 기

알바니아계와 세르비아계의 민족 갈등으로 긴장이 증폭되고 있는 코소보의 북부 도시 미트로비차의 한 난민촌에서 만난 집시 형제

준보다 100배나 높았다. 조사팀이 도시 안팎을 조사하는 동안 세르비아계와 알바니아계 주민들도 경계의 고삐를 늦추지 않았다.

"지역의 의사들은 극히 소수를 제외하고 심각성을 전혀 깨닫지 못하고 있었죠. 안정적인 생활을 하는 주민들만 상대하다 보니 모두 건강하다고 착각하고 있어요." 이번 조사에 김 소장을 끌어들인 사람은 WHO 유럽사무소 환경보건센터에서 활동하고 있던 김록호 박사였다. 김 박사는 코소보를 다녀온 의사들을 통해 이 지역의 심각성을 익히 알고 있었다. 그는 서울 사당의원

원장으로 재직하던 1990년대 초 원진레이온에서 직업병 환자가 발생하자 진상 규명에 앞장서기도 했다. 그런 그의 눈에 수년째 동남아시아 곳곳에서 비소 오염 연구를 해오던 김 소장이 들어온 것은 우연이 아니다.

사선 넘어 만든 보고서 3월에 보고

김 소장은 지난해 비소 오염으로 심한 몸살을 앓고 있는 메콩강 일대의 오염 지도를 완성했다. 지금도 김 소장은 납이나 카드뮴, 비소 같은 중금속에 오염된 지역이면 어디든 달려간다. 김 소장이 미트로비차에 머무는 동안 시료 채취는 4일간이나 계속되었다. 세르비아계와 알바니아계 주민 간에 언제 총격전이 일어날지 모르는 일촉즉발의 상황도 계속됐다.

이달 초 그 결과를 분석한 보고서에는 미트로비차의 참혹한 현실이 속속들이 적혀 있다. 미트로비차 집시 난민촌의 납 오염은 국제 기준보다 최소 5.5배, 최대 125배나 높은 것으로 밝혀졌다. 이 보고서는 이달 말 WHO에 보내져 국제사회의 대책 마련에 근거로 이용될 것으로 보인다. 김 소장도 이 결과를 들고 다시 코소보로 향할 예정이라고 한다. 이제는 진짜로 대책을 세워야 할 시점이기 때문이다(동아일보 극한의 과학자들, 2008. 3. 14.).

작은 것이
아름답다

   지난 주말 학생들과 함께 황금빛으로 물든 학교 주변 가을 들판을 산책했다. 고개 숙인 누런 벼들 사이로 커다란 쭉정이들이 눈에 들어온다. 쭉정이는 보기에는 크고 낱알도 굵을 것 같아 보이지만 정작 속은 텅 비어 있다. 요즘 유행하는 말로 허당이다. 반면에 키 작은 벼들은 속이 꽉 찬 열매를 하나 가득 머금고 있었다. 가을 들녘의 대조적인 풍경이다.

   우리 속담에도 "작은 고추가 맵다"라는 말이 있다. 겉모습은 작고 볼품없어 보이지만 내실 있는 사람과 사물 등을 표현할 때 흔히 사용한다. 독일 출신의 실천적 경제학자이자 환경 운동가인 에른스트 슈마허도 그의 역작 『작은 것이 아름답다(Small is beautiful)』에서 작은 것에 의한 진정한 발전을 역설했다.

에른스트 슈마허의 책 『작은 것이 아름답다』 표지

2012년 런던올림픽 체조 금메달에 빛나는 양학선 선수는 대한민국 국민에게 희망과 감동을 선사했다. 양 선수는 키 160cm에 몸무게는 50kg이 조금 넘는다. 작은 몸에도 불구하고 그는 세계 최고의 고난도 기술을 선보이며 세계 체조 역사를 새롭게 썼다. 체조는 고대에 기원을 두고 있다. 특히 도마는 로마 제국 시대에 신병에게 승마술을 가르치기 위해 목마를 만들고 거기에 뛰어오르고 내리도록 한 훈련에서 비롯되었다. 이에 비해 우리나라 도마 종목의 역사는 서울올림픽에서 박종훈 선수가 처음으로 동메달을 목에 건 이후 유옥렬, 여홍철로 이어져 상당히 짧은 편이다. 우리나라 체조 국가대표 선수들은 이처럼 짧은 체조 역사에도 불구하고 위대한 도약을 이뤄낸 것이다.

최근 영국의 대학평가기관 QS(Quacquarelli Symonds)가 조사한 대학 순위 결과가 발표됐다. 종합대학평가에만 관심이 집중된 상황에서 향후 순위 향상을 위해 우리가 놓치지 말아야 할 부분이 있다. 대학평가는 대학 및 졸업생의 인지도·평판도 등의 정성적인 요인과 교수 일인당 논문 피인용 횟수나 외국인 교수 및 학생 비율 같은 정량적인 요인으로 평가된다는 점이다.

미국 최고 대학 가운데 하나인 캘리포니아 공과대학(칼텍)은 QS, THE(Times Higher Education) 등 여러 기관의 대학평가에서 항상 최상위권을 유지하고 있다. 칼텍은 7개의 학부(division)에 학생 2,000여 명, 교수 300명에 불과하지만 노벨상 수상자를 32

명이나 배출했다. 또 화성에 탐사로봇 '큐리오시티(Curiosity)'를 보내 지구에 각종 정보를 전송하고 있는 과학기술도 칼텍에 소속된 JPL(Jet Propulsion Laboratory)의 연구 결과물이다.

광주과학기술원(GIST)은 아직 학부 졸업생이 배출되지 않아 종합평가에는 포함되지 않았으나(2012년 당시) 교수 1인당 논문 피인용 횟수에서 세계 7위, 아시아 1위라는 성과를 이뤘다. 전체 교수진이 120명 안팎인 작은 대학에서 이룬 놀라운 업적이라고 할 수 있다. 이러한 성과가 반짝하는 일회성이 아니라 최근 수년 간 10위권을 유지한 결과라는 사실이 알려지면서 새롭게 주목받고 있다. 논문 피인용 수 평가에서 만점을 받은 1위에서 8위까지의 대학 대부분이 수백 년의 전통을 가진 대학이고 오직 광주과학기술원만이 20년의 짧은 역사를 가진 대학이다.

비록 역사는 짧고 광주라는 지리적 약점이 있지만 교수, 교직원, 학생이 연구개발에 매진하면서 결실을 얻고 있다. 양학선 선수처럼 광주과학기술원과 같은 작은 대학의 성과가 '작은 것이 아름답다'는 또 다른 본보기가 되기를 바란다(전자신문 ET단상, 2012. 10. 19.).

베트남에서 꽃피운
GIST 과학한류의 시작과 결실

2002년 12월 16일 GIST(그 당시에는 K-JIST 가 공식 명칭) 환경공학과 교수 4명은 기대 반 걱정 반으로 하노이 노이 바이(Noi Bai) 국제공항에 도착하였다. 당시만 해도 월남, 베트콩이라는 단어로만 알려진 베트남. 본격적인 본론에 들어가기 전에 -지금은 기억도 가물가물하지만- 몇 가지 잊지 못할 에피소드가 있기에 회상해 본다.

에피소드 1

당시 수술 이후 회복 중으로 건강이 좋지 않으셨던 K 교수님은 한국에서부터 마실 물을 챙겨가셨다. 감염에 대한 우려가 당연히 있었겠지만 피난민처럼 한국에서부터 자그마한 생수병을 20병 이상 가져가신 것이다. 하노이 과학대학을 방문했을 때 현지인 누군가가 건네준 그 지역의 생수도 단호히 거절하시고 본인이 챙겨온 생수를 가방에서 꺼내서 드셨다. 아마 친절을 베푼 베트남 동료는 당황하였으리라. 하여간 그 당시에 우리는 그 만큼이나 동남아 국가들에 대한 정보가 없었다.

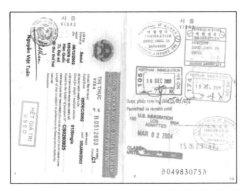

최초 베트남 입국 시의 비자 및 입출국 스탬프

에피소드 2

지금은 베트남 음식이 인기가 좋지만(이 글을 쓰기 시작한 오늘도 점심으로 첨단의 베트남 식당 'E'에서 쌀국수와 분차를 먹고 왔다) 그 당시만 해도 너무나 생소한 음식이었다. 베트남의 강한 향이 나는 실란트로(Cilantro, 베트남어로는 Rau mùi) 때문에 필자를 제외한 대부분의 교수들이 입맛을 잃었을 때 마침 하롱베이로 투어를 갈 일이 생겼다. 지금은 하롱베이까지 고속도로도 생기고 한국인이 경영하는 호텔도 있지만 그 당시만 해도 5시간 이상을 가서 도착한 하롱베이. 믿기 어렵게 저렴한 가격에 선장, 요리사가 딸린 큰 배를 한 척 빌려(우리 일행 4명만을 위해) 바다로 나아갔다. 그곳에서 양식 중이던 철갑 오징어를 회로 떠서 초장(한국인 가이드가 알아서 준비해왔다)에 찍어 먹던 그 맛. 우리 모두는 바로 입맛을 회복하고 넵 머이(Nếp mới)를 마시면서 "Một-hai-ba-dô(못-하이-바 조, 1-2-3 달러)!"를 외칠 수 있었다. 지금은 보드카 하노이와 함께 차카(Chả cá), 맘똠(Mắm tôm)은 물론 다양한 베트남 전통 음식까지 즐길 수 있게 되었지만 그 당시에는 적응하기 쉽지 않았다. 참고로 필자가 제일 좋아하는 베트남 음식은 주로 북부지역에만 있는 베트남 김치인 카파오(Cà pháo)이다.

보드카 하노이와 넵 머이(Nếp mới)

에피소드 3

많은 동남아 국가들이 그렇듯이 하노이에서의 주요 교통수단은 오토바이와 자전거이다. 그 당시만 해도 버스와 같은 대중 교통수단이 충분하지 못하였고 승용차는 일부 부유층만이 가질 수 있는 사치품이었기에 시내에서 출퇴근 시 오토바이가 주요 이동수단이다. 4명의 한 가족이 많은 짐을 싣고 오토바이로 이동하는 광경은 아직까지도 그리 낯선 풍경이 아니다. 아침 일찍 잠에서 깨어 호텔 창문을 열었을 때 내려다보이는 엄청난 자전거와 오토바이의 물결은 가히 장관이 아닐 수 없다. 신호등도 없는 교차로에서 사고 없이 잘 지나치는 광경이나 택시에 닿을 듯 닿지 않는 아슬아슬한 경우도 부지기수. 하노이 여행의 핵심 포인트는 이러한 자전거와 오토바이의 물결 사이를 뚫고 대로를 건너는 기술을 알아야 한다는 것이다. '절대로 뛰면 안 되고' 서서히 걸어가면 오토바이들이 알아서 비켜 지나간다. 이러한 도로 횡단은 베트남 여행 10회 이상자만이 할 수 있는 고난도 기술이기에 많은 초보 방문자들의 손을 잡고 길을 건너주어야 했다.

그렇다면 왜 베트남이었을까? 그냥 우연이었겠지만 지금 와서 다시 생각해본다면 베트남은 문화적으로 우리와 많은 공통점을 가지고 있는 나라였다. 수백 년간 유교문화에 영향을 받아 나이 많은 어른에게 순종하여 스승을 존경하는 문화가 있었던 것이다. 요즘은 동남아 여러 나라들이 한국 드라마에 열광하지만 무엇보다 베트남에서 '대장금', '허준' 등의 사극이 유행하는 것도, 또한 한국 드라마의 주요 주제인 고부 간의 갈등에 같이 슬퍼하는 것도 보면 모두가 다 유교문화의 영향인 것이다. 또 다른 중요한 이유는 베트남은 역사적으로 한 번도 외세의 침략에 대한 전쟁에서 지지 않았던 강인한 민족이었고, 교육을 최고의 미덕으로 여기는 우수한 민족이었다는 것이다.

2002년 12월 16일에 하노이 대우호텔에서 하루를 보낸 후 우리 팀은 하노이 과학대학(Hanoi University of Science)을 방문하게 되었다. 그 당시만 해도 베트남은 예전의 유럽의 학제와 비슷한 점이 있어 베트남 국립대학교(Vietnam National University) 안에 하노이 과학대학, 하노이 공과대학(Hanoi University of Technology) 등 다양한 전공으로 분류되어 있었으며, 하노이 과학대학은 베트남 최고의 자연과학대학이다. 당시 하노이 과학대학의 화학과 내의 CETASD(Research Centre for Environmental Technology and Sustainable Development)의 Prof. Pham Hung Viet 소장을 만나기 위해 아침 일찍 호텔을 출발하였다. 솔직히 그 당시만 해도 그날의 첫 미팅이 이렇게 많은 베트남 학생들이 GIST에 오게 되는 출발점이 될 줄은 상상도 하지 못했다. 지난 2017년 6월 6일의 GIST 총동문회에서 등록된 베트남 졸업생이 60명을 넘을 정도이니 한국을 제외하면 아마도 최대 동문회임에 틀림이 없다.

그날의 방문을 계기로 중간의 여러 가지 우여곡절을 거쳐 마침내 지원자들을 선별하여 선발을 위한 첫 인터뷰를 하게 되었다. 하노이 과학대학과 GIST가 운영하기로 한 HUS-GIST Joint

서울신문

[주말화제] "이젠 교육한류를 세계로"

▲ 한국 광주과학기술원(GIST)의 박사 과정에 최종 선발된 다음달 한국에 갈 베트남 학생들이 국립 하노이과학대 교정에서 함께 모으고 있다.

2005년 7월 9일 서울신문에 소개된 HUS-GIST 교육협력 프로그램

Program은 두 대학이 공동으로 GIST로 유학 오기를 희망하는 베트남 국적의 국비장학생을 뽑아 1년간은 HUS에서 사전 교육 (GIST 교수들이 방문하여 전공 분야의 단기 특강과 영어 등으로 구성)을 마친 후 최종 선발된 학생들을 1년에 10~15명 정도 석·박사 과정에 보내는 것이다. 계약의 내용 중 핵심은 베트남 학생의 한국 GIST로의 유학을 위해 3년간 학생 일인당 일 년에 약 미화 만 달러를 GIST에 제공한다는 것으로, 당시의 베트남의 경제 사정을 고려한다면 상당히 파격적인 조건이었다. 이러한 계약은 그대로 다 실행이 되었으며, 한국의 교육 수출의 첫 번째

사례로 언론에도 보도되었다. GIST로 유학을 오기 위해서는 상당히 높은 영어 실력이 요구되었기에 1년간의 HUS에서의 예비과정을 통과한 10명 정도의 최종 지원자 중 5~6명만이 GIST에서 석·박사 과정을 수행하기 위해 오게 되었다. 이 학생들은 2004년도에 HUS에서의 1년 예비과정을 거쳐 마침내 2005년도에 5명의 첫 유학생(Mr. Ho Tu Cuong, Mr. Nguyen Manh Cuong, Mr. Bui Xuan Tung, Ms Ha Thi Phuc & Ms Hoang Thi Hanh)이 GIST에 도착하게 되었다.

이 프로그램이 성공적으로 정착하기까지는 많은 우여곡절이 있었다. 베트남 학생 선발을 위하여 베트남 출장을 자주 가는 것은 물론이고(아마도 필자는 30번 이상 하노이를 다녀온 것 같다), 강의를 하기 위해 교수님들이 하노이에 자주 가시다 보니 지쳐서 더 이상 베트남에 강의하러 갈 교수님 지원자가 없었던 일도 자주 있었다. 베트남 지원자가 너무 많아 실험실마다 베트남 학생이 넘쳐 더 이상 배정할 랩이 없었고, 또 자존심 강한 베트남 학생들과 한국 학생들과의 갈등도 종종 있었다. 당시만 해도 석·박사 통합 과정이 없어서 교육 기간 및 예산을 맞추기 곤란했던 일, 중간에 학업이 너무 벅차서 학위과정을 포기하는 학생들도 생겼고 영어 점수를 맞추기 위해 일본으로까지 토플 시험을 보러 가는 학생도 있었다. 하지만 또한 보람도 많았으니 학교 내부의 S 국장님은 명절마다 베트남 학생들을 불러 챙겨주시고 체육대회도 개최해주셨다. 동광건설에서는 베트남 재학생에게 특별히 장학금을 주시는 등 물심양면으로 이 사업을 도와주시는 많은 고마운 분들도 계셨다.

GIST 내 베트남 유학생들의 생활

이렇게 해서 시작된 프로그램으로 현재까지 파악된 베트남 동문 졸업생이 약 60여 명에 이르고 있다. GIST 대외협력처에서는 2017년 6월 6일 문승현 총장님을 모시고 하노이에서 역사적인 첫 동문회 모임을 하게 되었다. 많은 참석자들이 오랜만에 모여서 GIST에서 수학하던 시절을 회상하며 다시 '못-하이-바 조'를 외쳤다. 졸업생들은 자신들이 가지고 있는 사진을 이용하여 동영상을 제작하여 상영하였으며, 기특하게도 GIST 발전 기금을 모아서 총장님께 전달하였다. 또한 Dr. Do Manh Cuong(Ministry of Health, Vietnam)을 초대 동문회장에, Dr. Nguyen Van Anh(Hanoi Metropolitan University)를 총무로 선출하면서 앞으로 정기적인 모임을 갖기로 하였다. 그 외의 많은 졸업생들은 베트남의 산학 연구 분야에서 주도적인 역할을 하고 있으며, 본인이 개인적인 프로젝트를 위해 방문할 때마다 졸업생들은 서로 연락을 취하여 모여서 늘 필자를 환영해주곤 한다. GIST에서 학위 과정을 같이 하면서 생긴 커플도 5쌍 이상이 되어 아이들까지 데리고 모임에 참석하는 졸업생들을 보면서 지난 2002년의 첫 방문을 떠올려본다. 사실 그 당시에는 2000년에 상영된 드라마 '가을동화'로 한류라는 말이 막 생겨나기 시작하던 시기였는데, 그 방문이 이러한 결과를 가져오리라고는 상상도 할 수 없었던 것이다. 이제는 광주지역에도 베트남 식당이 다수 생겨날 정도로 한국과 베트남이 문화적으로 가까워졌음을 생각해보면 우리

2017년 6월 하노이에서 개최된 제1회 GIST 베트남 총동문회 및 2019년 6월에 다시 만난 졸업생들

GIST-HUS 교육 프로그램을 위해 노력해주었던 베트남 동료들

프로그램의 출발에 전폭적인 지원을 해주었던 Prof. Nguyen Van Mau 전 총장님을 최근에 다시 만나서, 어느덧 20년이 흘렀다.

의 졸업생들이 베트남에 한류를 전파하고 다시 그 다음 세대들이 한국과 베트남을 오가며 친형제처럼 지내는 시간이 오기를 고대해본다.

끝으로 이 프로젝트가 성사되기까지에는 많은 분들의 도움이 있었다. 무엇보다도 나의 협상 파트너인(언제나 만만치 않았던) 하노이 과학대학의 Prof. Pham Hung Viet(CETASD 소장)과 베트남 교육훈련부(Ministry of Education and Training)의 국장이셨던 Prof. Pham Sy Tien, 하노이 과학대학의 총장이신 Prof. Bui Duy Cam 등 이 공동 교육훈련 프로그램이 성사되기까지 전폭적인 지원을 해주셨던 베트남 동료분들에게 다시 한번 감사를 드린다. Xin Cảm ơn!

지은이 소개

김경웅

1987년 서울대학교 공과대학 자원공학과를 졸업하고, 같은 대학원에서 석사 학위를 받았다. 1989년 영국으로 건너가 런던 임페리얼 컬리지 런던(Imperial College London)의 Centre for Environmental Technology에서 박사 학위를 받았다. 1997년 광주과학기술원(GIST) 지구환경공학부로 교수로 부임한 이후 현재에까지 이르고 있다. 클래식 음악과 맥주, 와인을 즐기며 많은 여행 경험을 바탕으로 글쓰기를 시작하여 2020년 여행문화를 통하여 등단하였다. 부족하지만 앞으로 다양한 종류의 글을 계속 쓸 수 있기를 희망하고 있다.

키리
바시가
사라질까요?

초 판 인 쇄 2021년 10월 18일
초 판 발 행 2021년 10월 25일

저　　　자 김경웅
발　행　인 김기선
발　행　처 GIST PRESS

등 록 번 호 제2013-000021호
주　　　소 광주광역시 북구 첨단과기로 123(오룡동)
대 표 전 화 062-715-2960
팩 스 번 호 062-715-2069
홈 페 이 지 https://press.gist.ac.kr/
인쇄 및 보급처 도서출판 씨아이알(Tel. 02-2275-8603)

I　S　B　N 979-11-90961-10-3(03980)
정　　　가 14,000원